JN025986

That Time I Got
Reincarnated in Google

Spread

転生したら スプレッドシート
だった件

sheets

著者▶ミネムラコーヒー

イラスト▶冬空 実

技術評論社

[contents]

プロローグ ……………………………………………………………………………… 4

第 1 章 worker研修 ……………………………………………… 14
| File 01 | 初クエスト ……………………………………………………… 14
| File 02 | 蠢くVLOOKUP ……………………………………………… 22
技術解説 VLOOKUP関数のココがポイント！……………………… 34

第 2 章 広告業界 ……………………………………………………… 44
| File 03 | SUMIF否定主義者タカハシ ………………………………… 44
| File 04 | IMAGE関数とイノウエの趣味 …………………………… 51
技術解説 IMAGE関数のココがポイント！……………………………… 60

第 3 章 文字列との闘い …………………………………………… 66
| File 05 | 文字列関数の森 …………………………………………………… 66
| File 06 | せーきひょーげん ……………………………………………… 73
技術解説 SPLIT関数のココがポイント！…………………………… 96

第 4 章 配列関数ARRAYFORMULAとの死闘 …… 100
| File 07 | 大群の襲来 ……………………………………………………… 100
| File 08 | 妖怪変化 ………………………………………………………… 114
| File 09 | 鵺 ………………………………………………………………… 128
技術解説 例外処理のココがポイント！…………………………… 144

第 **5** 章　エンジニアとスプレッドシート ················ 148

| File 10 | 死にますよ？ ································· 148

| File 11 | 喋る関数 ··································· 172

| File 12 | 宇宙人 ···································· 190

技術解説 FILTER関数のココがポイント！ ··············· 205

第 **6** 章　Web情報を処理せよ ····················· 208

| File 13 | とある小説投稿サイト ······················· 208

| File 14 | タカハシのトラウマ ························· 223

技術解説 IMPORTXML関数のココがポイント！ ·········· 242

エピローグ ···································· 248

ガイダンス これからExcel/Googleスプレッドシートを学ぶ人へのガイダンス ··· 251

プロローグ

目が覚めたら白いタイル張りの部屋にいた。

どうなってるんだ。おぼえている限りでは23時過ぎたぐらいに明日配信のクリエイティブの入稿を終えて、先日やめた同僚の引き継ぎ案件のレポートをチェックしたらむちゃくちゃ。罫線は引いてないし多重参照ばっか。あげくページによっては集計値がべた書きしてある。

「短い間でしたがお世話になりました。皆様とのお仕事は楽しく、成長に繋がりましたが、もう少しワークライフバランスのある仕事をしたく、退職を決意しました」

そんな退社の挨拶でやつは失笑を買っていた。おれに言わせれば残業しないといけないのはExcelのスキルが低いからだ。

おれは違う。社内ではExcel職人として頼られている。頼られているがゆえに日中はどいつもこいつもわからないことがあったらググりもせずにおれのところにやってくる。こっちは集中して仕事を進めたいというのに広告主からのどうでもいいような確認の電話、上司の雑談、そして同僚たちからのExcelのヘルプ依頼で日中はまるで自分の仕事が進まない。必然的に毎日仕事を終えるのは深夜になってしまう。つまりExcelが得意でも残業をしないといけないということだ。しかもそれだけ周りに頼られ、遅くまで働いているというのに俺の給料は同僚たちと変わりやしない。

4

「レポートは丁寧だし、パソコンのスキルで頼られてるのもいいんだけど
ね。やっぱりクライアントとのコミュニケーションでアップセルしてくれな
いと会社としては評価あげられないんだよ」

　査定の度に上司には無慈悲にそう言われている。Excelができても残業が
増えるばかりで年収は上がらないということらしい。どこかに純粋にExcel
のスキルで評価をしてくれる職場はないだろうか。ときどきそう考える。

　ところでここはどこなんだ。白い長方形のタイルがどことなくExcelのセル
に見えてしまう。職業病だろうか。いやExcelのことはいい。
　頭を抱えていたら変なおっさんが部屋に入ってきた。なにが変かといえ
ば、服装が明らかに変だ。腕まくりした白い格子柄のシャツに緑色のネクタ
イを締め緑色のズボンをはき、同じく緑色のジャケットを肩にかけている。
そのおっさんが同じスーツを差し出して言う。

「着替えろ、お前が死ぬまで着るスーツだ[注1]」

　展開的にもしやこれは異世界転生ってやつで、神様がチート能力を授けて
くれるのかと思っていた。しかし、やってきたのはおっさんだし、セリフは
MIBでウィル・スミスがスーツを渡されたときのだ。死んだわけではないよ
うだ。ならそんなもの着る気はない。

「いやです。ここから出してください。仕事が残っていて戻らないといけな
いんです」

　この期におよんで仕事に戻らないと、とは我ながら社畜だ。自嘲気味にそ
んなことを考えていると、おっさんは少しだけ神妙な顔をして言った。

「残念だが戻ることも出ることもできない。お前は死んだんだ」

「えっ！　でもさっき死ぬまでって……」

「映画のセリフだよ。『メン・イン・ブラック』見てないのか？」

　おっさんとは趣味が合いそうだが、どうやらこれは異世界転生だったらしい。おれは諦めておっさんと同じ緑色のスーツを着た。

「おめえさん、業種はなんだ？」

「え？　戦士とか魔法使いとかそういうのですか？　この世界にはいま来たばかりで特にないですけど」

「は？　何いってやがる？　ゲームのやりすぎで死んだのか？　見込みのあるやつだって聞いてたんだが、手違いで素人まわされたんじゃやってらんねえぞ……。まあいいや。いいか。ここにくるやつは全員もともと会社員のはずなんだ。だからお前の会社での仕事を聞いている。ちなみにおれは建設会社で総務をやっていた」

　異世界転生じゃなかったらしい。天国か地獄か死後の世界的なやつだろうけど、ポジティブに天国だということにしておこう。会社員のための天国か。しかしなぜ業種なんか聞かれるのかさっぱりわからない。天国でもレポート作成をやらされるのだろうか？　今月の死者数は〇万人、地獄行き率は32.5%で先月よりも1.2ポイント低下しました、なんてやらされるのだろうか。まあ死んだとなればもうどうでもいい。

「事情はよくわからないけど、とにかく何を答えたらいいかわかりました。インターネット広告の会社でちょっと説明が難しいんですけど裏方みたいなことをやっていました」

「おお、トレーディングデスクな、その手のやつは総じて筋がいい。期待してるぜ」

　なんなんだこのおっさん。トレーディングデスクなんて親戚にも同級生にも絶対に通じたことない。インターネット広告の運用なんて言ったところでたいていなにか胡散臭いことをやっているというような顔をされるだけなのに、トレーディングデスクという業種名まで知っているとは。いよいよ天国のレポート作成担当も現実味を帯びてきた。

「質問なのですが、いったいここはどこなんですか？　ぼくはなんの仕事をさせられるんですか？」

「おっと、説明をもったいつけちまったな。ここはGoogleスプレッドシートの中、おれたちはそのworkerだ」

「は？」

「知らねえことはねえだろ。Google版のExcelだよ。WEBブラウザで動くやつ」

「いやそれは知ってますけど……」

やばい、訳わからなくて死にそう。異世界でも天国でもなくてGoogleスプレッドシートの中ってどういうことなんだ。

———————

　不条理にも程がある！　そんな悲しいことがあっていいのか！　つらい！つらすぎる！
　裁量労働制という残業代がつかないシステムを知ったあの日の絶望も、終電を逃してタクシー代を自腹で払って家に帰ったあの日の虚しさも、この不条理とは比べようがない！

「Googleスプレッドシートは燃え尽きたExcel職人の魂で動いているんだ」

　おっさんはおれにその悲しすぎる事実を告げた。

　たしかにおれは燃え尽きたのかも知れない。頼られているようでいいように使われ、そのくせ報われない長時間労働の日々。しかし燃え尽きてなおスプレッドシートの中で生かされ、働かされるなんてあんまりだ。
　おれだけじゃない、このおっさんだってそうだ。飄々とふるまっているが、前職、いや前世ではおれと同じように理不尽に耐え、残業に耐え、生きて、そして絶望して死んだのだろう。そして今こうやって2人でExcelカラーの変なスーツを着て、Excel風のタイル貼りの部屋で顔を合わせている。悲しい！あまりにも悲しい！

　なにが"Don't be Evil"だよ！　死者の魂でサービス運営するなんて、邪悪というかガチ邪法じゃねえか！　法律も倫理もすっとばして世界の理に反してやがる。

　おっさんは呆然とするおれを部屋から連れ出した。部屋を出て、廊下を抜けて階段を降りるとそこにはExcelスーツを着たたくさんのworkerたちがいた。50人ぐらいはいるだろうか？　若いやつはおれと同じぐらいで20台後半ぐらい。年寄りはほとんどいなくて50台ぐらいのおっさんがたまにいる。男女比はやや男が多いぐらいか。丸テーブルが並んでいて少し洒落た会社の休憩室らしく、コーヒーを飲んだりタバコを吸ったりしている。スーツが緑色なのを除けば普通の会社のような光景だ。この全員が仕事で燃え尽きたExcel職人、そして死んでもなおGoogleスプレッドシートのworkerとして働かされている。みんな、何を考えているのだろう。ここに連れてこられた頃の絶望など忘れて、無感情に仕事をしているのだろうか。虚無的な光景だ。

「つらいよな。でもな、まわりを見てみろよ」

　おっさんが言う。つらいのはおれだけじゃないってことか？　そんなことはわかってる。おれはこの世界そのものが悲しいんだ。おれは返す言葉もなく黙っている。するとおっさんは笑顔で意外なことを言った。

「みんな楽しそうだろ？」

「えっ」

「Excel職人なんてのはどこにいたって孤独なもんだがな、ここでは違う。仲間がいるんだ。あっちの3人組を見てみろよ」

　ノートパソコンを囲んでキャッキャと騒いでいるおれと同じぐらいの年の男3人だ。YouTubeでも見てるのか？

「おれにはよくわかんねえんだが、仮想通貨ってやつの相場予測のスプレッドシートを最近作って遊んでいるらしいぜ。あいつらはもともと銀行とか金融関係の会社にいたらしい。生きてた頃はだれにも相談できずに1人でExcelと向き合っていたが、今じゃああやって遊ぶ仲間がいる。いいもんだろ？」

　いいのか？　たしかに楽しそうではあるけど。

「それからあっちで言い合いをしてるやつらな。ありゃあVLOOKUPかINDEXとMATCHの組み合わせのどっちがいいかの議論だな。まあ神学論争ってやつだ」

　そりゃあVLOOKUPに決まってんだろ、と思って少し加わりたい自分に気づいた。そんな議論ができるような仕事仲間はこれまでいなかった。どちらかといえば、VLOOKUPの使い方を何度も何度も聞いては調べる気もない同僚ばかりだった。

「ここじゃあんな話ばっかりだ。連日飽きねえもんだよ。おれたちの仕事じゃあどっちが好みだなんて言ってられはしねえんだが、まあ議論するのは勝手だ」

　どういうことだろう。まあそのうちわかるのか。気になってきた。

「おめえさんもどうせ職場じゃ孤独に関数書いてたし、嫁さんだっていなかったんだろ？」

「ど、独身で何が悪いんですか！！」

「からかっただけじゃねえか、そう怒るなよ。仲良くやろうぜ」

　どうやらここは天国ではないが、かといって地獄でもないらしい。Excel職人の魂でGoogleスプレッドシートが動く意味はわからないが、とにもかくにもおれは転生先でも仕事をしなくてはならないようだ。仕事なら仕方ない。社畜は社畜でもおれは誇りある社畜なのだ。おれは諦めて第二の会社員人生をスタートさせた。

「わかりました、これから新米workerとしてがんばります。ぼくの名前は」

　おれが名乗ろうとするのを、すっとおっさんが手で制する。

「おっと名前はナシだ。程よい距離が保てる^{注2}」

　おっさんとは本当に趣味が合いそうだ。

「『ゾンビランド』ですね」

　おっさんがニヤリとわらった。

「冗談だ。サイトウでいいよ。当面はお前のメンターとして面倒を見てやる」

「タカハシです。よろしくおねがいします」

「そんじゃあ初仕事だ。理屈を説明するのは難しいがやってみりゃわかる。ついてこい、タカハシ。クエストに行くぞ」

やっぱり異世界転生じゃねえか。そう思いながらサイトウのあとについていった。

注1　映画『メン・イン・ブラック』1997年公開。地球における宇宙人の行動を管理監視する機関、MIBの活躍を描く映画にてJ（ウィル・スミス）にK（トミー・リー・ジョーンズ）が黒スーツを渡すときのセリフ。

注2　映画『ゾンビランド』2009年公開。ゾンビだらけになった世界で、身を守るために32のルールにのっとって生きていくオタク青年の物語。作中で主人公たちは程よい距離を保つために本名を明かさずお互いの出身地で呼び合っている。

| 第1章 | worker研修

| File 01 | 初クエスト

「クレア、クエスト頼むわ」

　workerたちが休憩していたのは通称詰め所。その一角にあるカウンター
で、サイトウは奥にいる女性に話しかけた。クレアとよばれた彼女は詰め所
で休んでいるworkerの女性と違いスーツを着ていない。かわりに着ているの
は白に薄い緑の入ったいわゆるメイド服だ。銀髪のショートヘアに羊のツノ
のようなアクセサリーをつけている。まわりのworkerたちは日本人ばかりだ
ったが、クレアだけは日本人ではないようだし、どこか現実離れしたアニメ
のキャラが現実にやってきたような風貌だ。

「はいはーい、手配しますね。そちらは新人さんですね。はじめまして、わ
たしはマネージャーのクレアです。今日からよろしくでーす」

「は、はじめまして、タカハシです。本日からお世話になります」

　見かけは外国人だがあまりにも流暢な日本語に面食らってしまった。マネ
ージャーとはどういう立場なのだろうか？　上司にしてはサイトウの態度は
ぶっきらぼうだ。どちらかというと運動部のマネージャーみたいなものなの
かもしれない。彼女もExcel職人なのだろうか。クレアは手元のパソコンを操
作し、サイトウに見せる。

「ちょうどいいやつがありました！　これなんかどうでしょう？」

「商業高校の実習か、いいじゃねえか。そんじゃいってくるわ」

「いってらっしゃーい」

　明るく手を振るクレアに見送られ、おれとサイトウは階段を降りた。クエストがどんなものか、少しワクワクしてきた。扉を開けたら突然草原が広がっていたりするのだろうか。それともSF映画のようにワープで送り込まれるのか。そんな期待に胸膨らませたおれが行き着いたのは、Excelカラーの車が並んでいる駐車場だった。この世界はなににつけても未来的でもなければ、ファンタジー的でもない現実的なところがあるようだ。

　クエストまではサイトウの運転で2、3分だった。駐車場の端からトンネルのようなものがつながっていた。トンネルの脇にはところどころ扉がついており、そのひとつの前でサイトウは車を止めた。扉の横にはよく見ると「1oxIUGE2twqhkBNszJ1buA9gS2bf4b2wF07GVCoLdzXw」という札が書かれている。サイトウはスマホの画面とその札の文字を照らし合わせ、確認した。クエストのIDなのだろう。

「ここだな。覚悟はいいな？」

「はい……、大丈夫です」

　扉を開いた先は畳ぐらいの大きさの長方形のタイル、というかセルが終わりが見えないほど並んでいる部屋だった。おいおいマジでこれスプレッドシートじゃねえか。

「ここがおめえの初現場、といってもいつも研修に使ってる現場だ。緊張するこたあねえよ」

「クエスト？　現場？　どっちが正式名称なんですか？」

「おっとすまねえ、クエストが正式名称だ。現場っていうのは古巣のクセでな。お前みたいに広告屋出身のやつはよく案件って言ってるよ」

　なるほど、workerたちは死んでも仕事が忘れられない社畜の集まりらしい。

「そんでもって、ここは商業高校の表計算実習だ」

「へえ、最近は商業高校でもExcelじゃなくてGoogleスプレッドシートなんですね。クラウド化の波すごいっすね」

　おれはサイトウと打ち解け始めていた。職能のつながりというのはおそろしいものだ。

「世の中そんなに進んじゃいねえよ。研修現場は指折り数える程度だ。ここがおれたちを使っている理由がわかるか？」

「おれたち？　ああ、そうかぼくらGoogleスプレッドシートのworkerでしたね。クラウド化でG Suiteが普及していて、企業でもExcelじゃなくてぼくらが使われるケースが増えてるからじゃないんですか？」

「夢見てんじゃねえよ。おれたちは後発だし、Excelが使えるようになりゃあ

16

基本機能は問題なく使える。標準的な用途についてならはっきり言ってまだまだ劣っているよ。pivot[注1]なんかExcelさんの使いやすさには到底勝てやしねえ。もちろんおれたちにも独自の関数や先進性はあるが、なによりもExcelに対して最もおれたちが端的に優位な点、それはカネだよ」

「G Suiteって月1,000円ぐらい[注2]じゃなかったでしたっけ？　Excelだったら PCによっては付属してくるし」

「おめえ、恵まれた人生を送ってきたらしいな。この学校はな、設備費をケチるために生徒の個人のGoogle Driveを使わせてるんだよ。そうすればツールの利用費はタダ。PCはもちろんChromebookだ。わかるか？[注3]」

　世知辛い世の中だ。

「まあそう暗い顔すんな。ほら、はじまったぞ」

　近くの床のタイルの隙間にインクが染み出すように黒い線が浮かび上がっていく。入り口から壁に沿って2つのセルがぼんやりと青くなった。どうやらあの入り口がある部屋の角がA1セルのようだ。A1セルのとなりには「売上」という文字が浮かび上がった。長方形の向きから察するにあっちはB1セルだろう。
　その後も文字、続いて数字が浮かび上がっていった。床の文字は少々読みにくいが東京、大阪と地域名が書かれているようだ。支店ごとの売上成績表のようなサンプルだろう。それはExcel職人としてはある種の感動すらおぼえる光景で、そのときおれは本当にスプレッドシートの中の人になったんだなあと実感した。

「それでぼくらは何をしたらいいんですか？」

「少し待て、いつも通りならF2あたりにそろそろ来るはずだ」

　F2セルの中央からぬるりとバスケットボールぐらいの白い球体が浮かび上がり、腰ぐらいの高さで浮遊し始めた。よく見るとなにか文字が書かれている。

「これが関数。おれたちworkerの仕事はこの関数の処理だ」

　サイトウはボールに近づき、手をのせ、腰を落とし、叫んだ。

「スゥァァアアアアアアムッッ！！！！！！！！！！」

　サイトウの叫びとともに、その白い球体はF2セルに吸い込まれた。関数を吸ったセルはほのかに黄色い光を放ち、計算結果らしきものが表示されている。

「これが、関数の処理だ」

　サイトウが姿勢をただし、やけに誇り高そうに言った。

「えっと……。叫べばいいんですか？」

「フォースだ、フォースを使え[注4]」

「いや、今そういうのいいんで」

　サイトウは舌打ちして説明をはじめた。

「基本的には触れて名前を唱えればいい。ただし、唱えながらその式がどのように計算されるのか、それをイメージする必要がある」

「イメージ？」

「今のSUMだったらB2からE5までのセルを足してやるんだな、そういうことを考えながら名前を唱えればいい。実際の演算結果まではわからなくていいが、処理するためにはその関数のことを理解して使いこなせている必要がある。わかりやすくいやあ、教科書やガイド見ながら関数書いてるやつには無理ってこった」

　なるほど。それでExcel職人が集められているのか。しかしおれだって普段遣いしている関数は集計や参照、文字列処理などごく一部だ。

「関数っていくつあるんですか？」

「今だいたい400ぐらいだな[注5]」

　おれは少し衝撃を受けた。Excel職人として数々の仕事をこなしてきたつもりだった。しかし使ったことがある関数はいくつあるだろうか。100、いや50もないんじゃないか。使いこなしている関数なんて……。自信がなくなってきた。

「不安になってきたか？　あんま心配しなくていい。高度な数学や金融関数には特殊部隊があたることになっているし、基本的にはおれたちworkerの適

性や能力をもとにクエストが割り振られてっからな。まあ焦らず経験積んでけや」

「ひょっとすると、関数を処理していけば経験値が溜まってレベルが上っていくってことですか?」

「は?」

「いやなんでもないです」

　話していると近くのセルから新しい関数が浮かび上がってきた。サイトウがアゴでやれと言っている。おれは関数に近づき、そして叫んだ。

「アベレェエエエエジッ!!」

　関数はセルに吸い込まれ、演算結果が表示された。満足してサイトウのほうを振り返ると、別の関数に触れて、ぼそっと「サム」とつぶやいていた。さっき叫んだときと変わらず関数はセルに吸い込まれていった。

「えっ、叫ばなくていいんですか」

「ありゃあなんつうか新人向けパフォーマンスってやつだな」

　むかつくが、サイトウが意外と茶目っ気のあるやつだとわかって少しホッとした。

　その後、サイトウとおれはちまちまと現れる関数を処理していったが、出

てきたのはSUMとAVERAGE、IFぐらい。関数の形は種類によって異なるようだ。しばらくなにも動きがなかったかと思うと、電気が消えた。サイトウは言った。

「この現場はここまで、帰ってビールだ」

　帰りの車に乗り込むと、黒電話の音が鳴り響いた。サイトウがスーツのポケットからスマホを取り出し、話し始める。

「はい、こちらサイトウ。ああ、近いぞ。え？　なんだって？　なんでそんなとこ1人で向かわせたんだ？　わかった、すぐ行く」

　サイトウはため息をつきながら言った。

「ヘルプが入った。もう1件いくぞ。ビールは後回しだ」

蠢くVLOOKUP

「ひやあああ、さわらないでええええええ！！！！」

　ヘルプで呼ばれた部屋、というかシートはおそろしくも少しだけエロい状態だった。大量の手の形をした関数が人差し指と中指を足にして動き回っている。完全にハンドだ[注6]。ハンドたちはExcelスーツを着たメガネの女性を取り囲んでいる。

「な、なんですかアレは？」

「紹介しよう。我が家の執事、ハンドだ」

「あれって執事なんでしたっけ？　いや、そんなことより早く助けないと……」

「え？　違うの？　執事じゃねえの？」

「執事は別にフランケンシュタインみたいなやつがいたはずですよ。ところで助けないと……」

「あ、そっか。よく見てんなお前、若えのに偉いよ」

　サイトウは余裕そうだが、例の女性は余裕ゼロで叫んでいる。

「はやくたすけてぇえええええええええ！！！！！」

「イノウエ、うるせえよ。VLOOKUPぐらいで死にはしねえだろ、ちょっと黙ってろ」

　え、あれVLOOKUPなの？　まじで？　キモすぎる。

「タカハシ、お前、例の神学論争どっち派だ？」

「へ？　VLOOKUPですけど」

「好都合じゃねえか。そうだな、おめえはいったんイノウエを助けてこい。邪魔なVLOOKUPは処理しとけ。おれはちょっと道具取ってくるから」

　そう言ってサイトウは車に戻っていった。

　さて初日から厳しいことになった。さっきの研修現場で見た感じ、関数ってオブジェみたいなもんだと思っていたけど、あれは完全にモンスターだ。動いてるし、襲いかかってるし。そんなところに1人で放置されるとは。

「まあいけるっしょ、VLOOKUPなんて慣れたもんだし！」

　おれは自分に言い聞かせるようにそう言って、おそるおそるイノウエと呼ばれた女性に近づいていった。VLOOKUPたちはどことなく威嚇するような動きをしつつ、おれが近づくとじりじりと後退して道を開ける。イノウエの前までくると1匹が手首で立ち上がり、体というか指を広げて立ちはだかり、体を震わせてくる。キモい、かなり。これに触れないといけないのか。

「く、くそ……、もうしらん！　ブ、ブイルックアップ！」

立ちはだかるVLOOKUPの人差し指を握って唱えると、VLOOKUPは元い
たのであろうセルまで飛んでいった。無事処理できたようだ。イノウエの周
りのVLOOKUPたちは恐れを感じたのかたじろいだように見えた。いける。
いけるぞ。

　イノウエを見ると、足元と太ももにVLOOKUPがとりついていた。イノウ
エはたぶん恥辱で泣いていた。おれはなんだか緊張してしまって取引先と話
すような感じで言った。

「すいません、　タカハシと申します。　初対面で失礼いたしますが、
VLOOKUP処理させていただきます」

「ひゃ、はい。よ、よろしくおねがいします」

「ブイルックアップ」

　足元のVLOOKUPの手首をつかんで処理した。そいつもどこかへ飛んでい
った。よし、いける。次に太ももを、いや太ももにとりついているVLOOKUP
を見る。気まずい。初対面の女性のパーソナルスペースに踏み込んでいる。
そういうのは得意じゃないんだ。イノウエ、メガネで仕事のできそうな顔を
している。泣いているがすらっとした黒髪がきれいな美人だ。おれと同じぐ
らいの年だろうか。胸は、いやイノウエの体のことはいい。VLOOKUPだ。

「ではもう1匹失礼いたします」

「は、はい……」

　なんでこいつ顔を赤らめてるんだ？　照れるからやめてくれ。これってあとでセクハラとかで訴えられたりしないよな？　だいたい誰に訴えるんだ？
　Googleか？　こんな世界に転生させておいてセクハラでクビってことはないと思うがどうなんだろう。それともサイトウか？　というかサイトウまだかな？

　そう思って振り返ると、無表情に金属バットを振りかぶっているサイトウがすぐ後ろにいた。

　スコーーーン

　サイトウが振ったバットは気持ちの良い音を響かせてVLOOKUPをすっ飛ばした。サイトウが小さく「ブイルックアップ」とつぶやき、関数を処理した。

「サイトウさん！　危ないじゃないですか！！」

　バットを目の前で振られたイノウエが抗議する。

「うるせえ、助けてやった礼もないのか。だいたいVLOOKUPごときで苦労してんじゃねえ」

「えー、だってわたし、INDEX/MATCH派なんですよー」

　おいおいまじかよ。INDEX/MATCH派なのはいいが、VLOOKUPを書けないなんてことExcel職人でありえるのか。

「VLOOKUPってぜんぜん使えないじゃないですか。引数に何列目か書くの
ダサすぎませんか？　検索列が左にないといけないのも最悪ですよ。おまけ
に重たいし。あんなの使ってるうちは初心者って感じですよね〜」

　おれは我慢できなくなって口を出した。

「いやいやいやいや、その言い方はおかしいでしょ。たしかに検索キーが左
にないといけないのは不便だけど、あの機能は検索する要素が左にあること
を前提としている思想なわけですよ。それにVLOOKUPっていうのは、既成
の関数であることそれ自体がいいんですよ。資格持っていたり経験があるの
がわかっていれば基本あの関数はみんな通じる、これはすごいことですよ。だ
いたいINDEX/MATCHなんて書いているからExcelへの敷居があがって仕
事が集中したり引き継げないシートを作ったりするわけでしょ？　他人のこ
とを考えたらVLOOKUPのほうがいいんじゃないのかな、と僕は思いますね」

　いつのまにかイノウエを取り巻いていたVLOOKUPたちがおれの後ろに回
って拳を振ったり跳ね回ったりしている。わかるよ。おれはお前たちの味方
だ。

　一匹のVLOOKUPがハイタッチを求めてきたのでおれは笑顔でそいつとハ
イタッチして、ついでに「ブイルックアップ」と唱えて処理しておいた。や
つはこころなしか嬉しそうに元いたセルに飛んでいった。VLOOKUPたちは
気を良くして列をなした。ハイタッチとグータッチを交互に繰り返しておれ
は10匹ほどのVLOOKUPを成仏させてやった。

「あのさー、そんなこと言ってホントはINDEX/MATCHだとまともに書け

ないだけじゃないの？　教科書どおりの素朴な関数書いてるだけじゃworker務まらないよ？　関数は組み合わせが重要でしょ？」

「worker務まってないのはどっちなんですか。泣いてましたよね？」

　サイトウが割って入る。

「おめえらな……」

「サイトウさんはどっちなんですかっ！」

「ぜひききたいですね！」

　サイトウがキレた。

「いいかげんにしろ！！！！」

　サイトウは叫ぶついでにバットを振って一匹のVLOOKUPを吹き飛ばした。

「ひっ！」

　おれとイノウエは小さく悲鳴をあげてたじろいだ。VLOOKUPたちも悲鳴をあげる口はなかったが、同様に指筋を伸ばしてたじろいでいた。

「VLOOKUPだろうがINDEX/MATCHだろうがどっちを使おうがユーザーさんの勝手だ！！　おれたちの仕事はなんだ！！？　ああ？　イノウエ！」

サイトウは手近なVLOOKUPをバットの背でグリグリといじめながら尋ねた。

「か、関数の処理です……」

「そうだよな。関数の処理だよな。ユーザーさんの仕事に文句つけることじゃねえよなあ？　ユーザーさんだって一生懸命仕事して関数書いてるんだよ。今そのユーザーさんにとっての最高の仕事をしてるんだよ。わかるか？　ああ、仕事サボってくだらねえケンカしてるやつにはわからねえか？　ああ？」

「わかりますわかります」

　おれたち、つまりおれとイノウエとVLOOKUPたちは必死で頷いた。バットで殴られたくはなかったからだ。

「今この瞬間もユーザーさん待たせてんだ。わかるか？　わかったらやるべきことをやれ」

　おれとイノウエは近くのVLOOKUPと顔を見合わせながら協力的に処理し、処理されはじめた。

「残りの奴らは殴られたくなかったらおとなしく並べや」

　VLOOKUPたちが怯えながら整然とサイトウの前に並びはじめた。サイトウはあぐらをかいて座り込み、読んでない書類に判子を押し続ける管理職のようにVLOOKUPたちを処理していった。2、3分ほどですべてのVLOOKUPた

ちが片付き、電気が消えた。

　おれたちは無言で部屋を出て車に乗った。

———————

「いやー、おつかれさん！　2人とも飲めや。タカハシの歓迎会だ。今日はおめえら役に立ったよ」

　サイトウはガッハッハと笑いながら、ビールを飲んで唐揚げを食っている。
　おれたち3人は気まずい空気の中、詰め所まで帰ってきた。実際、仕事の最中に口喧嘩をしたのは悪かったと思っている。どうやってこの場を取り繕ったものかと考えたが、サイトウに対してそういう心配は無用だったようだ。詰め所でビールを一杯飲み終えたら機嫌を直したようだ。

「もしかしてあのキレてたの、演技だったんですか？　しんじらんなーい」

「おいおい、おれがそんなに器用にみえっか？　あんときゃあマジで怒ってたよ。バットでとはいかねえが、ふたりとも殴ってやろうと思ってたよ。おめえらと違っておれの古巣は暴力がまかり通ってたからな。灰皿が飛ぶのは日常茶飯事だよ」

　おそろしい。おれの会社も労働環境は最悪だと思っていたが、さすがに暴力はなかった。これが昭和か。

「しかし、ほんと今日はおめえらの茶番のおかげで楽だったよ。走り回ってバット振り回さなくて済んだし」

「え？　あのバットはVLOOKUPたちを脅すためじゃなかったんですか？」

「いや、いつもは追いかけて殴ってるよ。あいつら小さいし逃げるからな、しゃがんで捕まえてたら腰悪くするだろ。おめえらは若いからいいかもしれねえけど、おれの年にはきついよ」

　Googleスプレッドシートの裏側がこんな暴力的な世界だなんて、いったい誰が想像しているだろうか？　ははっ、そもそも死者の魂で動いているなんて思ってないよな。

「おれも勉強になったよ。ああやって関数と仲良く接したほうがいいこともあるんだな。workerやって長いほうだけど、最近は1人で仕事してることが多かったからな。スプレッドシートは奥が深いな、やりがいあるよ、ほんと」

　workerにも武闘派や穏健派があるのだろうか。なんにせよ関数を効率よく処理するにはいろいろは方法論があるのだろう。ユーザーがVLOOKUPとINDEX/MATCHで言い争うのと似たような感じなのかもしれない。

「みなさーん、おつかれさまでーす」

　クレアがサイトウの頼んだ追加のビールを持ってきた。マネージャーの仕事は詰め所での飲食物提供も含まれるらしい。

「タカハシさんはお酒たりてますかー？」

「ありがとうございます。今日は疲れちゃったのでこのぐらいにしておこう

かなと」

「ああ、わりぃわりぃ。明日も仕事だしな。クレア、タカハシに部屋案内してやってくれ」

「らじゃーです！　じゃタカハシさんいきましょう！」

「あ、はい。おつかれさまです。今日はありがとうございました」

　挨拶代わりにジョッキをかかげるサイトウとイノウエを残し、おれはクレアとエレベーターに乗り込んだ。

「今日はおつかれさまでした。初日はいかがでしたか？」

　クレアは昼と変わらず明るいテンションで話しかけてくる。周りに元気を与える女性というのはこういうタイプなのだろう。2人でエレベーターに乗っていると、どことなく甘い香りがふわりとただよってくる。

「いや、よく考えると今日ぼく死んだんですよね。状況がわけわからなすぎて忘れてたけど整理がついてないです」

「それはしかたないですねー。今日はゆっくり休んでください。苦しかったら気持ちが落ち着くまで休んでもいいんで、遠慮なくいってくださいね」

「お気遣いありがとうございます。でも、たぶん仕事してたほうが気が紛れるんで大丈夫です」

　エレベーターは62階の居住区についた。この建物は詰め所を1階、駐車場が地下、上は99階まであり、41から99階はworkerの居住区で、62階におれの部屋があるというわけだ。クレアに案内されて訪れた部屋は思った以上に快適な場所だった。清潔で明るい1LDK、家具はすべて揃っている。正直言って驚いた。昨日まで住んでいた家はワンルームで狭苦しく、冬も寒かった。いっぽうこの部屋は清潔で明るい1LDK、外の景色は作り物らしいがまったくそうは見えず、家具はすべておれ好みのものが整っている。ちなみにクローゼットには同じスーツがたくさん入っていた。

注1　ExcelやGoogleスプレッドシートなどの表計算ツールなどにみられるピボットテーブル機能。関数のような複雑な操作がいらず、かんたんに複数の要素を織り込んだ集計表の作成が可能。

注2　G SuiteはBasicプラン（月額680円/ユーザー）が最安。

注3　実際にはGoogleは教育機関向けにG Suite for Educationというプランを提供しており、高校では無料でそれを利用できる。

注4　映画『スター・ウォーズ エピソード4/新たなる希望』1977年。

注5　2019年10月22日現在472個の関数がドキュメントに記載されている。

注6　映画『アダムス・ファミリー』1991年公開。ハンドは手だけのキャラクターだがせわしなく動き活動的。

VLOOKUP関数の
ココがポイント！

あ、あー。マイクテスト、マイクテスト。おつかれさまです。タカハシです。クレアさんにworker養成のためのビデオを撮るって言われてきたけど、このカメラに向かって喋ったらいいんでしょうか。

突然連れてこられてよくわからないクエストやらされたかと思ったら今度はYouTuberみたいな仕事をさせるなんて、この世界はいったいなんなのか。ま、いいか。

本日は僭越ながらVLOOKUPとINDEX/MATCHについて解説させていただきます。イノウエさんがVLOOKUPを使うのは初心者なんてこと言ってましたが、そのあたりの誤解を解ければ幸いですね。

VLOOKUPを使う例

さてVLOOKUPといえば、転職の面接で「Excelはどのぐらいできますか？」「VLOOKUPぐらいは使えます」というやりとりが成り立つと言われるほど重要な関数です。

雑誌の調査で人気関数1位に選ばれたという話もありますし（日経ビジネスアソシエ2015年10月号「エクセル関数人気ランキング」）、VLOOKUPだけを解説した本も売られています。まさにVLOOKUPはExcel職人の始まり、ともいうべき関数ですね。

たとえば、請求書の宛名を記入するのを効率化してみましょう。

[図 1.1 請求書の宛名]

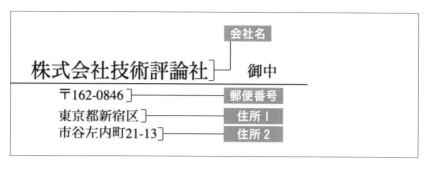

　図1.1のように会社名を入力すると、郵便番号、住所1、住所2が自動で入る
VLOOKUP関数を書いてみます。

　最初に「マスタ」を準備します。マスタとはマスターデータの略称で、顧客
マスタ、商品マスタ、社員マスタといったように情報を整理したデータのこと
です。

　VLOOKUP関数は情報を検索して取り出す関数ですが、最も一般的な使い方は
「マスタから情報を検索して取り出す」ことだと言っていいでしょう。「会社マ
スタ」という名称で別シートを作成し、図1.2のように入力しておきます。

[図 1.2 会社マスタ1]

	A	B	C	D
1	社名	郵便番号	住所1	住所2
2	株式会社美術評論社	〒673-0854	兵庫県明石市	東朝霧丘3-11
3	株式会社武術評論社	〒640-8203	和歌山県和歌山市	東蔵前丁3-6-1
4	株式会社技術評論社	〒162-0846	東京都新宿区	市谷左内町21-13
5	株式会社呪術評論社	〒920-0917	石川県金沢市	下堤町3-19-18

まずは郵便番号を取り出してみましょう。図I.3のように書きます。

[図 I.3 VLOOKUPの使い方I]

=VLOOKUP([会社名のセル], ' 会社マスタ '!\$A:\$D, 2, 0)

検索値　　　　　　検索範囲　　　指数

	A	B	C	D
1	社名	郵便番号	住所1	住所2
2	株式会社美術評論社	〒673-0854	兵庫県明石市	東朝霧丘3-11
3	株式会社武術評論社	〒640-8203	和歌山県和歌山市	東蔵前丁3-6-1
4	株式会社技術評論社	〒162-0846	東京都新宿区	市谷左内町21-13
5	株式会社呪術評論社	〒920-0917	石川県金沢市	下堤町3-19-18

検索範囲の一番左側の列の中から**検索値**のある行を探します。みつかったセルから**指数**番目のセルの内容を取り出します。

同様に住所I、住所2を取り出す場合は図I.4、図I.5のようになります。

[図 I.4 VLOOKUPの使い方2]

=VLOOKUP([会社名のセル], ' 会社マスタ '!\$A:\$D, 3, 0)

	A	B	C	D
1	社名	郵便番号	住所1	住所2
2	株式会社美術評論社	〒673-0854	兵庫県明石市	東朝霧丘3-11
3	株式会社武術評論社	〒640-8203	和歌山県和歌山市	東蔵前丁3-6-1
4	株式会社技術評論社	〒162-0846	東京都新宿区	市谷左内町21-13
5	株式会社呪術評論社	〒920-0917	石川県金沢市	下堤町3-19-18

[図 1.5 VLOOKUPの使い方3]

`=VLOOKUP([ 会社名のセル ], ' 会社マスタ '!$A:$D, 4, 0)`

	A	B	C	D
1	社名	郵便番号	住所1	住所2
2	株式会社美術評論社	〒673-0854	兵庫県明石市	東朝霧丘3-11
3	株式会社武術評論社	〒640-8203	和歌山県和歌山市	東蔵前丁3-6-1
4	株式会社技術評論社	〒162-0846	東京都新宿区	市谷左内町21-13
5	株式会社呪術評論社	〒920-0917	石川県金沢市	下堤町3-19-18

基本の使い方がおわかりいただけましたでしょうか？ いくつか書き方のポイントを解説しておきます。

▷▷ ①検索範囲を行だけで指定する

会社マスタが5行しかなかったとしても、AI:A5のような指定は望ましくありません。なぜなら、マスタは更新されて値が追加されていくものだからです。

図I.6のように新しい会社が追加された場合、AI:A5のような指定では対応できなくなってしまいます。

[図 1.6 会社マスタ2]

	A	B	C	D
1	社名	郵便番号	住所1	住所2
2	株式会社美術評論社	〒673-0854	兵庫県明石市	東朝霧丘3-11
3	株式会社武術評論社	〒640-8203	和歌山県和歌山市	東蔵前丁3-6-1
4	株式会社技術評論社	〒162-0846	東京都新宿区	市谷左内町21-13
5	株式会社呪術評論社	〒920-0917	石川県金沢市	下堤町3-19-18
6	株式会社奇術評論社	〒376-0116	群馬県みどり市	大間々町塩沢4-1-1
7				

▷▷ ②絶対参照（$）を使う

　VLOOKUP関数を含んだ数式は、別のセルにコピーして使うことがよくあります。今回の請求書のようなケースでは特にそうです。

　相対参照で記述していると、隣のセルにコピーしたときに「B:E」のように検索範囲がずれてしまい、意図した動作をしなくなってしまいます。検索値も同様に、絶対参照をうまく使うようにしましょう。

▷▷ ③最後の引数は0で固定する

　最後にここまで一切解説していなかった「0」についてなのですが、検索の型と呼ばれます。TRUE/FALSEのどちらかを入力しますが、0はFALSEと同じです。

　これはもうVLOOKUP関数の最後に書く「おまじない」だと思っておけば、ほとんどの人にとってはよいでしょう。Googleのヘルプにもこうあります。

　> 並べ替え済みを TRUE に指定するか省略し、範囲の先頭列が並べ替え順でない場合、間違った値が返されることがあります。VLOOKUP 関数が動作しない場合は、最後の引数が FALSE になっていることをご確認ください。データが並べ替えられており、最適な結果を得る必要がある場合は TRUE を指定しますが、通常は FALSE にします。

https://support.google.com/docs/answer/3093318

　ここではTRUEの詳細は解説しません。ただし、Excel職人だという自覚がある方はヘルプを読んで理解しておくことをおすすめします。

　うっかりぼくのようにworkerにされてしまわないとも限りませんし、TRUEのVLOOKUP関数は手に負えない暴れ者ですからね……。

INDEX/MATCHでの例

さて、同じ例をINDEX関数とMATCH関数を組み合わせて記述してみましょう。図I.7、図I.8のようになります。

[図 I.7 INDEX/MATCHの使い方1]

=INDEX(' 会社マスタ '!\$A:\$D, MATCH([会社名のセル], ' 会社マスタ '!\$A:\$A, 0), 2)

検索値　　　　　　検索列

	A	B	C	D
1	社名	郵便番号	住所1	住所2
2	株式会社美術評論社	〒673-0854	兵庫県明石市	東朝霧丘3-11
3	株式会社武術評論社	〒640-8203	和歌山県和歌山市	東蔵前丁3-6-1
4	株式会社技術評論社	〒162-0846	東京都新宿区	市谷左内町21-13
5	株式会社呪術評論社	〒920-0917	石川県金沢市	下堤町3-19-18
6	株式会社奇術評論社	〒376-0116	群馬県みどり市	大間々町塩沢4-1-1
7				

[図 I.8 INDEX/MATCHの使い方2]

=INDEX(' 会社マスタ '!\$A:\$B,　4,　2)

参照範囲　　　　行番号　列番号

	A	B	C	D
1	社名	郵便番号	住所1	住所2
2	株式会社美術評論社	〒673-0854	兵庫県明石市	東朝霧丘3-11
3	株式会社武術評論社	〒640-8203	和歌山県和歌山市	東蔵前丁3-6-1
4	株式会社技術評論社	〒162-0846	東京都新宿区	市谷左内町21-13
5	株式会社呪術評論社	〒920-0917	石川県金沢市	下堤町3-19-18

VLOOKUPと比べた利点は、図I.9や図I.10のように検索する列が左の列になくても良いことです。

[図 1.9 INDEX/MATCHの使い方3]

=INDEX(' 会社マスタ '!$A:$D, MATCH([会社名のセル], ' 会社マスタ '!$D:$D, 0), 1)

	A	B	C	D
1	郵便番号	住所1	住所2	社名
2	〒673-0854	兵庫県明石市	東朝霧丘3-11	株式会社美術評論社
3	〒640-8203	和歌山県和歌山市	東蔵前丁3-6-1	株式会社武術評論社
4	〒162-0846	東京都新宿区	市谷左内町21-13	株式会社技術評論社
5	〒920-0917	石川県金沢市	下堤町3-19-18	株式会社呪術評論社

[図 1.10 INDEX/MATCHの使い方4]

=INDEX(' 会社マスタ '!$A:$D, 　　 3, 　　 1)

	A	B	C	D
1	郵便番号	住所1	住所2	社名
2	〒673-0854	兵庫県明石市	東朝霧丘3-11	株式会社美術評論社
3	〒640-8203	和歌山県和歌山市	東蔵前丁3-6-1	株式会社武術評論社
4	〒162-0846	東京都新宿区	市谷左内町21-13	株式会社技術評論社
5	〒920-0917	石川県金沢市	下堤町3-19-18	株式会社呪術評論社

　MATCH関数を使う利点はほかにもあります。VLOOKUPを使っていてイライラしがちなのは指数の記入です。「何列目だっけ」と指をさして数えるのをやったことがある人も多いでしょう。イノウエさんが「引数に何列目か書くのがダサい」って言ってたのはこのことですね。

　これは図1.11のようにMATCH関数で解決します。

[図 1.11 INDEX/MATCHの使い方5]

=INDEX(' 会社マスタ '!$A:$D, MATCH(...), MATCH(" 郵便番号 ", ' 会社マスタ '!$1:$1, 0))

	A	B	C	D
1	社名 ➡	郵便番号	住所1	住所2
2	株式会社美術評論社	〒673-0854	兵庫県明石市	東朝霧丘3-11
3	株式会社武術評論社	〒640-8203	和歌山県和歌山市	東蔵前丁3-6-1
4	株式会社技術評論社	〒162-0846	東京都新宿区	市谷左内町21-13
5	株式会社呪術評論社	〒920-0917	石川県金沢市	下堤町3-19-18

こういった柔軟な使い方ができるのがINDEX/MATCH関数を使うメリットです。

では常にVLOOKUPよりもINDEX/MATCHを使ったほうが良いのでしょうか？ぼくはそうではないと考えています。

たとえば、IFERROR関数を使って検査値がない場合のエラーを空白にするようなことがよくあります。

=IFERROR(VLOOKUP(...), "")

他にも検査値をSUBSTITUTE関数などで少し加工するようなこともありえます。

=IFERROR(VLOOKUP(SUBSTITUTE(...), ...), "")

こうやっていくつも関数を組み合わせているうちに、閉じカッコの位置を間違えるミスをした経験がある人も多いのではないでしょうか。

こういったシーンでINDEX/MATCHを使うと、さらに複雑化します。

```
=IFERROR(INDEX(..., MATCH(SUBSTITUTE(...), ...), …), "")
```

　INDEX/MATCH関数を使わないといけないのであれば仕方ありませんが、そうでないならVLOOKUPでシンプルに保っておいたほうが良いのではないでしょうか。何事もケースバイケースですね。

　　最後に注意点がひとつ。同僚やご友人とExcelトークをされる際、VLOOKUPかINDEX/MATCHのどちらがいいかという話をするのはどうか慎重に。うっかりアツくなって相手を否定し始めると命に関わりますからね、ぼくとイノウエさんのように……。

| 第2章 | 広告業界

| File 03 | SUMIF否定主義者タカハシ

「くっ、SUMIFのやろう、許せねえ！　全員ぶっ殺してやる！」

　ジブリ映画に出てきそうな手の長い人型クリーチャーを前に、おれは感情をあらわにしていた。

　おれとサイトウ、それからなぜかイノウエは当面古巣の広告業界のシートを担当することになった。

　懐かしい風景。Google、Yahoo、Facebook、これをdataシートに貼り付けて、日別/クリエイティブ別/ターゲティング別とSUMIFSで集計表が作られている。会社ごとにテンプレートが異なるし、関数の使い方もシートの全体構成も異なる。

　workerのおれから見ても美しいなと思えるような、見通しもよく、効率的に作られたシート。dataシートには完璧に名前付き範囲[注1]が定められていて、SUMIFSの条件の順序もすべてが完璧なルールでできている。こういう仕事がしたかったね。

　かたや見ていて危うさしか感じられないシート。集計範囲の指定はA2:A1000みたいに行が制限されている。こういうシートを作っていると、元データが1,000行を超えたときに間違った集計値をクライアントに提出するハメになる。集計値の集計を繰り返し、多重に参照。なにも知らずに引き継ぐと、ひょんなところでエラーが出てしまい原因を探すのに時間がかかって

しまう。

　しかしそんなものは序の口。なんにも関数が出てこないな、ヒマだなと思ったらおそろしいことに生のデータをペタペタ打ち込んでいるようなシートにもお目にかかる。効率が悪くユーザーは苦労しているはずだが、おれたちworkerはヒマである。

　そんなことよりSUMIFだ。こんな関数を誰が使うのかと思っていたが、意外にも使われている。なぜSUMIFSを使わないんだ。
　SUMIFとSUMIFSは、VLOOKUPとINDEX/MATCHみたいなそれぞれのメリット/デメリットがあるような関係性ではない。SUMIFは端的に言ってSUMIFSの下位互換なのだ。SUMIFは一つの条件でしか集計ができない。対してSUMIFSは一つ以上の条件で集計ができる。これだけでSUMIFを使う理由はない。
　しかし最もイライラするのは記述順序が逆になっていることだ。SUMIFSの記述様式は次のようになっている。

　=SUMIFS(合計範囲, 条件範囲1, 条件1, [条件範囲2, 条件2, ...])

　条件が複数続く場合は、[範囲n, 条件n]と続ければよい。一方SUMIFはこう。

　=SUMIF(範囲, 条件, [合計範囲])

　解説が必要だろう。まず合計範囲が任意だ。これがそもそも気にくわない。指定されていない場合は、範囲がそのまま合計される。ふたつの記述方式が両立しているようでとっつきにくい。そして合計範囲を書く場合で条件がひ

とつのSUMIFS/SUMIFを並べると問題点が明らかになる。

```
=SUMIFS(合計範囲, 条件範囲, 条件)
=SUMIF(条件範囲, 条件, 合計範囲)
```

　合計範囲と条件範囲が逆になるのだ！　こんなややこしいことがあってい
いのだろうか。まったくもって許せない。そんなSUMIFとSUMIFSだが、
workerとして対峙すると驚くほど似ている。ジブリっぽい手の長い人型、黒
い穴のような目があるが顔のパーツはそれだけでのっぺらぼう。そして
SUMIFSにだけは後ろで50センチぐらいの尻尾がくねくねと動いている。
　基本的にはおとなしいやつらだ。セルからほとんど動かない。処理しよう
とするとジリジリ後ずさっていくが、踏み込んで一気に距離を詰めれば容易
に処理できる。問題があるとすれば、こいつらは周囲のworkerのことを意識
してゆらゆらと揺れながら常に正面を向いてくることだ。つまり尻尾が体に
隠れてSUMIFSなのかSUMIFなのかすごく見分けにくい。
　そしてそのときは何体か処理して慣れてきたころにやってきた。

「サムイフッ！」

　普段なら関数が吹き飛んで倒れ、そのままセルの中へ消えていくはずだっ
たが、吹き飛んで倒れたのはおれのほうだった。
　起き上がって前を見ると、SUMIFだと思ったやつは背中で丸めた尻尾を隠
していたSUMIFSだった。様子がおかしい。目の奥が赤く光り、のっぺらぼ
うのはずの口が裂けて開いている。腰を落として今にも襲いかかってきそう
だ。
　SUMIFS、おれの大好きな関数。それが今、ほぼほぼ文字通りの意味でお
れに牙を向いている。おれとSUMIFSを引き裂いたSUMIFのことを、おれは

絶対に許せない。しかし虚勢を張ってみたものの、こちらは運動不足の Excel 職人。対する関数はマンガに出てきそうな怪物になっている。勝ち目はなさそうだ。どうしたらいいんだ、逃げるか。

「タカハシィイイイ！！　どけぇええええ！！！！」

　叫び声がおれの戸惑いを切り裂いた。さすまたを持ったサイトウが上着を投げ捨て、凶暴化した SUMIFS に突撃していく。

「ヴォオオオオオオオ！！！！！！」

　SUMIFS は奇っ怪な雄叫びを上げながら、サイトウを薙ぎ払おうと巨大な右腕を振りかざす。まずい、やられる。サイトウはどこにでもいるただのアラフォーのおっさんだ。あんな化け物相手にどう見ても勝ち目はない。おれにだってどうすることもできない。尻もちをついて倒れている運動不足の 30 手前の独身男性だ。どうしてこんなことになったんだ。こんなわけのわからない世界で。おれの仕事のミスのせいで。上司が今まさに死のうとしている。サイトウだけじゃない、おれも遠からず死ぬだろう。死んだらどうなるのだろうか。わからないがとにかく申し訳ない。

　ザッ

　SUMIFS の大きく開いた右手が空をきった。サイトウはそのたるんだ体からは想像できない俊敏さで SUMIFS の一撃をスライディングでかわす。と同時にさすまたでその足をはらう。バタンと音を立てて SUMIFS が前のめりに倒れる。

「イノウエエエエエ！！！！　押さえろっ！！！！」

「はいっ！」

　走ってきたイノウエがさすまたでSUMIFSの上半身を取り押さえる。サイトウもすばやく立ち上がり、さすまたで立ち上がろうとするSUMIFSの腰を押さえつけた。

「グォオオオオ！！！」

　押さえつけられたSUMIFSは叫びながら最後の抵抗と尻尾でサイトウを打とうとする。サイトウは打たれた尻尾をパシリとつかみ、唱えた。

「サムイフス」

　SUMIFSの眼から赤い光が消えた。その体は弛緩し、ゆっくりとセルの中に吸い込まれていった。イノウエはへたりと床に座り込み肩で息をしている。サイトウはさすまたを投げだして、どこからか持ってきた丸椅子に腰掛けている。おれはというと、突然のアクションシーンに圧倒されてSUMIFSにふっとばされた姿勢から動けないままだった。

「関数ってこんな凶暴なんですか？　マジでファンタジーの世界じゃないですか。Googleスプレッドシート作ったやつどういう神経してるんですか」

「辞めるなら今だ。あとではもう遅い」

　サイトウがやけに真剣な声色で言う。え？　辞めれるの？

「ここに青い薬と赤い薬がある[注2]」

「赤でいいですよ、赤で」

　黙れモーフィアス気取りめ。おれはここぞとばかりのサイトウの映画ネタをかわした。そもそも青い薬も赤い薬も持ってねえだろうが。サイトウとしては通じただけで満足げなようだった。

「関数のやつは、基本的に複雑な操作をするものほど強力だ。これまでも見てきたとおり、SUMやAVERAGEなら留まっているだけのオブジェだ。VLOOKUPぐらいになると意思を持って動き回ったりする。で、SUMIFSだとこうなるわけよ。まあわかりやすく言うなら、処理に時間がかかっていた関数ほど強くてでかいってこったな。Excel職人ならわかんだろ？」

　なるほど。そう言われると重たい関数を書きまくったときの処理の重さにも納得がいく。これまで作ってきた関数満載の重たいシートたちのことを思って少し申し訳ない気持ちになった。もっとも、Excelにも中で動いているworkerがいればだが。

「さっきのSUMIFSはなんで襲ってきたんですか？」

「タカハシ、おめえ街なかで人違いで肩をつかまれていい気がするか？　しねえだろ。関数たちは基本的に間違われるのを嫌う」

「たしかにそう言われるといい気はしないですね」

「そうなんだがな、SUMIFSのやつぁ特にそうだ。あいつらはおとなしいんだが実はプライドがたけえ。あんな紛らわしい見た目してやがるくせにSUMIFに間違われるとブチギレんだ」

　SUMIFSもSUMIFのこと下位互換だって見下してたんだな。

「わかったら次から気をつけろ。時間かかってもいいから尻尾の有無を確認するんだ。関数が凶暴化してしまったら、下手すっと応援を呼ばねえと手がつけられなくなるからな。そうなって困んのはユーザーさんなんだよ」

　このおっさんのユーザーへのホスピタリティはいったいどこから湧き出てくるのだろうか。毎度、不思議でならない。

| File 04 | IMAGE関数とイノウエの趣味

　明くる日のクエスト、いつものようにSUMIFSやVLOOKUPを処理しているとモコモコした雲のような関数が浮かび上がってきた。浮かび上がってきた雲形の関数を見てサイトウが言った。

「あいつはIMAGE関数だ」

「いめーじ関数？」

「まあ平たくいやあ、画像をセルに表示する関数だな」

「それって挿入から画像貼る※3のとは違うんですか？」

「ぜんぜん違う。説明してやるよ」

　そう言ってサイトウは壁に説明を書きはじめた。どうやら壁は全面ホワイトボードになっているらしい。さすが世界的IT企業のツールの中の世界だけあってファシリティが充実している。前職はケチ臭く、会議室のホワイトボードはインク切れのマーカーばかりでまともに使われていなかった。

```
=IMAGE(URL, [モード], [高さ], [幅])
```

　サイトウはその関数の基本構文を書いて説明しはじめた。

「オプションの引数が3つあるが、おれの経験上じゃあ指定があることは稀

だ。引数のURLの画像をWEB上から引っ張ってきてセルに表示する、そう思っとけば処理し損なうことはほとんどねえ」

「でも画像貼るの、あんまり好きじゃないんですよね。Excelで画像貼ったときって、列の幅とか高さを変えたりしたときに別の行に配置がずれちゃったり、変な縦横比になったりで面倒だった気がします」

「ああ、ありゃあセルの配置とは無関係だからな。このIMAGE関数はあくまで関数だ。画像は関数が実行されるセルの中におさまる。そういう意味じゃあExcelの画像挿入よりもよっぽど洗練された機能だぜこいつは。ちなみにオプションの引数で指定するのは画像の表示方法だ。デフォルトのモード1は縦横比を維持したままセルのサイズに画像を押し込む。その他のモードは縦横比を変えたり、もとのサイズを維持してトリミングしたりするわけだ」

モード1：縦横比を変えずにセル内に収まるように画像を配置する
モード2：縦横比を無視してセル内に空白なく収まるように画像を配置する
モード3：元のサイズのまま画像を配置し、セルに収まらない部分はトリミングする
モード4：指定したサイズで画像を配置し、セルに収まらない部分はトリミングする

　そう言いながら、サイトウは図を書いてそれぞれのモードの挙動を説明をした。このおっさん、意外と文字や線の引き方が丁寧だ。言う通りその操作はシンプルだったし、サイトウの図解は非常にわかりやすく、おれはこの関数のことをだいたい理解した。

「へー、便利。Excelにない関数もあるんですね。広告ごとのレポート作ると

きによく画像を挿入してたんですが、正直行列の入れ替えや編集もやりにくくなるから嫌いだったんですよね。これなら管理しやすいかもしれません。というかなんでExcelになかったんだろう」

「おれたちゃあインターネットにつながっていることを前提として動いてるからな。オフライン出身のExcelさんとは違うんだよ。じゃなきゃURLなんて引数でてきやしねえだろ。ほかにもこういったインターネットからものを引っ張ってくる関数がいくつかある。こういうところがおれらの優位性ってやつだな」

　Excelに対する競合優位性を語るサイトウは妙に得意げだ。

「わかったらそいつの処理だ。構文はシンプルだからいけんだろ？」

「やってみます」

　おれは頭上に浮いた**IMAGE**関数に手を伸ばし、処理した。

「イメージ」

　ゆったりとしていたその雲形のうごめきが激しくなる。やばい、なんかミスったか？　おれは少しびびって手をはなし後ずさる。振り返ってサイトウに目配せすると腕を組んだまま無言でウンウンとうなずいている。特に問題はないようだ。

　ズドンッ！！

数秒の沈黙の後、唐突にIMAGE関数からセルに雷が落ちた。びびったおれは、「うわっ」と叫んで情けなくうしろにとびのいた。サイトウとイノウエはニヤニヤと笑っている。こいつらわざと黙ってやがったな。くそっ、どうしてこうもExcel職人は性格が悪いんだ。

「おいタカハシ、ちゃんと関数のほう見とけ」

　サイトウにうながされて見ると、ゆっくりとIMAGE関数が雷の落ちたセルに吸い込まれていった。

「げっ、これって……」

　吸い込まれたあとのセルに、ぼんやりと画像が浮かび、徐々に解像度が上がるようにそれはくっきりと描かれる。

「きちいな、こいつは……」

　男同士が絡み合っているマンガの広告だった。アニメーションGIFらしく、ちらちらと画像が切り替わっていく。どの画像もヘテロセクシャルの男性が見るにはかなり厳しいものがある。そうして白塗りにされた局部が写しだされたとき、おれとサイトウは無言で目をそらした。イノウエだけが興奮した顔つきでまじまじとその画像を見つめていた。沈黙の中でさらに10個ほどのIMAGE関数が浮かび上がってきていた。

「サイトウさん！　タカハシさん！　ユーザーさん待たせてられないですからね！　さっさと処理していきましょう！！」

　出会って以来見たことのないポジティヴな姿勢でイノウエが仕事に向かっている。その原動力は明らかにIMAGE関数が表示したBL（ボーイズラブ）マンガの広告だ。

「サイトウさん、イノウエさんはいわゆる腐女子ってやつでしょうか……」

「わけえ女の趣味はおれにはわからねえよ……」

　とまどうおれとサイトウに構わず、イノウエは元気いっぱいに近くのIMAGE関数に向かって走っていく。IMAGE関数の浮遊する位置はやや高く、小柄なイノウエの身長では届かなそうに見える。

「くらえっ！　イメーッジ！！！」

　身長差は情熱で埋められた。浮遊するIMAGE関数に、イノウエはバレーボールのアタックをキメた。IMAGE関数はボコッとへこんで高度を落とす。イノウエが着地してしゃがみ込むと同時に、ズドンッと雷がセルに落ちる。その姿はさながら戦隊モノのヒーローのように華麗だった。残念ながらおれたちExcel戦隊Spreadsheet workersにはグリーンしかいないわけだけれども。
　イノウエが処理したセルにマンガらしき画像が浮かび上がった。

「チッ」

　イノウエが舌打ちする。よかった、今回は露出描写ナシだ。

「もういっちょ！！　イメーッジ！！！」

気を取り直したイノウエが次のIMAGE関数にアタックする。が、IMAGE関数の浮遊位置が高く、イノウエの右手は空を切った。勢い余ったイノウエはおれとサイトウに尻を向けて倒れる。口直しだな、とおれは心の中で思った。

「タカハシ、お前やれ」

　たしかに、おれがジャンプすればなんとか届きそうだ。軽くアキレス腱を伸ばし、屈伸をして走り出そうとしたとき、

「だめですっ！！！！！！」

　イノウエが起き上がって叫ぶ。

「わたしに……、この関数はわたしにやらせてくださいっ！！　わたしじゃなきゃだめなんですっ！！！！　お願い……、お願いしますっ！！！！！」

　サイトウがおれに耳打ちする。

「なんつうのかな、袋とじみたいなもんだな」

「……言いたいことはわかりました」

「まだ余裕はある。あいつにやらせてやろう」

　サイトウが親指を立ててイノウエに微笑んだ。イノウエは職務上の承認、そして趣味、すべてが満たされ、そして笑顔で浮遊するIMAGE関数たちに向

かっていった。

　ジャンプを繰り返すイノウエを無言で眺めて5分ほど経過した。はじめのうちは低めの位置にあった2つほどをぎりぎり指先でかすめ処理することに成功した。その後は健気なジャンプを眺めるばかりだった。さすがにあきらめたのか、イノウエがこちらに走ってきた。

「て……、手伝ってくださいっ！！！」

　手伝うって言ったってどうやって？　と考えたおれの頭を妄想が支配した。Googleスプレッドシートのworkerとして転生して以来、ライトノベル的な展開への期待はことごとく裏切られてきた。魔法使いも戦士もヒーラーもなかったし、経験値もレベルもなかった。イノウエには一瞬期待を抱いたが例の神学論争以来、お互いの思想信条には踏み込まないビジネスライクな同僚としての付き合いを続けている。しかし、そのイノウエが手伝えと言っている。いまこの状況において手伝う、というのは具体的にどういう行為を指すのか。状況を整理しよう。

　1. イノウエはIMAGE関数に直接手を下したい
　2. イノウエの身長ではIMAGE関数には手が届かない
　3. イノウエは助けを求めている

　おれは肉体的接触、それが直接的な事象かアクシデンタルに起こるものかはともかく、そういう予感にゴクリとつばを飲んだ。

「タカハシ、車に脚立があるから取りに行くぞ」

おれの期待は裏切られ続けている。

―――――――――

　すべてのIMAGEを処理したクエスト帰りの車中は気まずい沈黙に包まれていた。
　普段は違う。その日のクエストでのシートの用途、使われる関数の組み合わせ、シート構成の妙。Excel職人同士、話のネタは尽きない。「あの数式の組み方には痺れたね」、「あの使い方だけはちょっと許せない」、「あのシートは別の関数を使ったほうがうまくできたんじゃないか？」。ここはGoogleスプレッドシートの中、おれたちはそのworker、楽しい職場、Excel職人の天国。和気あいあいとした職場だ。

　IMAGE関数というのは鬼門だった。普段おれたちが目にするのは主に数字、日付、ついでテキスト。テキストといっても文章というよりは単語で、特別気に留めるような要素はほとんどない。東京、広告A、山田、実質無料、おれたちは平坦な世界に生きている。しかし画像はそうはいかない。
　脚立をかつぎ出してイノウエに処理させたIMAGE関数のうち、ほとんどはイノウエのお目当てのBLマンガの広告だった。ただ最後の一つは男性向けだった。それも**その手のサイト**でしか見ないような、なんというかどうしようもないものだった。ほんとうにもうどうしようもなかった。その画像が出現しただけでも気まずさはひどいものだったが、サイトウの一言が状況を絶望的にした。

「ま、まあ映画でもオフィスとか更衣室にヌードのポスターよく貼ってるしな、最近じゃあんまりないが、職場っていうのはこういうもんじゃねえのかな。ははは……」

　環境型セクハラ。その言葉が浮かんだが、口には出せなかった。悪気はな
かったのだろう。サイトウがこの世界に来たのは、6、7年ほど前らしい。サ
イトウの転生前にはそんな言葉はほとんど使われていなかった。何よりサイ
トウの感覚は洋画の見過ぎで狂っているのだ。不幸というほかない。

　詰め所に戻りカウンターで報告をしていると、クレアがちょんちょんとサ
イトウの肩を叩きどこかへ連れて行き、しばらくするとクレアが1人で戻っ
てきた。

「えーっと、サイトウさんには3日間謹慎……、お休みしてもらうことになり
ました。2人で大変かもしれませんが、がんばってください！」

　驚き絶望するおれと対照的に、イノウエはニヤリと笑っていた。

注1　特定のセル範囲に名前をつけ、数式内で呼び出せるようにする機能。=SUMIFS（'データ'!B:B,'データ'!A:A,
　　　A2）のような記述を =SUMIFS（売上, 日付, A2）のように読みやすくすることができる。
注2　映画『マトリックス』1999年公開。主人公ネオを指導役であるモーフィアスが機械につくられた仮想世界
　　　マトリックスから救出する際のセリフ。
注3　シート上にセルとは無関係に画像や図形、グラフを挿入できる機能。

IMAGE関数の
コ コ が ポ イ ン ト ！

こんにちは。イノウエです。今日はIMAGE関数を実際に使うシーンについて解説します。
解説中には健全な画像しか出てこないので安心してくださいねー。

Web上の画像を表示する

たとえば書籍の情報をまとめた表を作成するとしましょう。図2.1みたいな文字だけじゃちょっと味気ないですよね。

[図 2.1 書籍リスト（画像なし）]

	A	B	C	D
1	タイトル	著者	価格	発売日
2	新装改訂版　Excel VBA 本格入門	大村あつし 著	2,980	2020年1月22日発売
3	今すぐ使えるかんたんmini Excelピボットテーブル 基本&便利技	井上香緒里 著	880	2020年1月16日発売
4	今すぐ使えるかんたんmini Excelグラフ 基本&便利技	技術評論社編集	980	2020年1月16日発売
5	今すぐ使えるかんたん ぜったいデキます！ エクセル2019	井上香緒里 著	1,000	2019年12月28日発売
6	今すぐ使えるかんたんmini Excel文書作成 基本&便利技	稲村暢子 著	1,180	2019年11月27日発売
7	パーフェクトExcel VBA	高橋宣成 著	3,280	2019年11月25日発売
8	実務で使える Excel VBA プログラミング 〜「動けばOK」から卒業しよう！生産↑	立山秀利 著	2,180	2019年9月26日発売
9	今すぐ使えるかんたん ぜったいデキます！ Excelマクロ&VBA	井上香緒里 著	1,580	2019年9月13日発売
10	やってはいけないExcel —「やってはいけない」がわかると「E	井ノ上陽一 著	1,680	2019年9月11日発売

図2.2のように本の表紙画像を入れてあげるだけで、ぐっと見栄えが良くなりますね。このように、セル内に画像を表示するための手順を解説していきます。

[図 2.2 書籍リスト（画像あり）]

まずは、画像のアドレスを取得しましょう。

　図2.3のようにブラウザで表示しているWebページの画像を右クリックし、メニューから「画像アドレスをコピー」を選択します。

[図 2.3 画像アドレスのコピー]

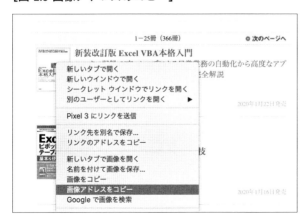

図2.4のF列のように取得した画像アドレスを記入する列を作ります。画像を表示したいセル（A列）のIMAGE関数の引数にしましょう。

[図 2.4 IMAGE関数の表記]
=IMAGE(画像アドレスのセル)

	A	B	C	D	E	F
1	画像	タイトル	著者	価格	発売日	画像URL
2	=IMAGE(F2)	新装改訂版　Excel VBA 本格入門	大村あつし 著	2,980	2020年1月22日発売	https://gihyo.jp/assets/images/cover/2020/thum
3	=IMAGE(F3)	今すぐ使えるかんたんmini Excelピボットテーブル 基本&便利技	井上香緒里 著	880	2020年1月16日発売	https://gihyo.jp/assets/images/cover/2020/thum
4	=IMAGE(F4)	今すぐ使えるかんたんmini Excelグラフ 基本&便利技	技術評論社編集	980	2020年1月16日発売	https://gihyo.jp/assets/images/cover/2020/thum
5	=IMAGE(F5)	今すぐ使えるかんたん ぜったいデキます！エクセル2019	井上香緒里 著	1,000	2019年12月28日発売	https://gihyo.jp/assets/images/cover/2020/thum

これで完成です。表の見栄えを気にするなら、URLを記載した列は記入時以外は非表示やグループ化で隠すなどしておいても良いでしょう。

画面のキャプチャを表示する

次はWEB上にない任意の画像をIMAGE関数で表示するケースです。IMAGE関数で表示するためには、WEB上に画像をアップロードしておく必要があります。

今回は画面のキャプチャとアップロードが同時にできるWebサービス、Gyazo（https://gyazo.com/ja ）を利用します。

図2.5のようにhttps://gyazo.com/ja からパソコンにGyazoをダウンロードして起動すると、画面のキャプチャを作成できます。

[図 2.5 Gyazoでのリンク取得]

　キャプチャを取得したら、図2.6のようにシェアボタンの中のDirect linkのリンクをコピーしましょう。

[図 2.6 技術評論社Webサイトのキャプチャ]

=IMAGE("https://i.gyazo.com/3869448ba1bd62b185d5d1eb96c7f214.jpg")

コピーされたURLに対してIMAGE関数を使えば、キャプチャの表示ができる
はずです。

　ちなみにGyazoにログインしていると、キャプチャ以外の画像もアップロー
ド可能です。使い方の詳細は、GyazoのWebサイトを見てください。

　　いかがでしたでしょうか？　これでシートへの画像の表
示は完璧ですね！
　　解説では健全でおもしろくない画像を利用しましたが、な
にに使うかはあなたの自由です。私が個人的に利用している
シートにも……。ふふ、ふふふ……。

| 第3章 | 文字列との闘い

| File 05 | 文字列関数の森

　はたしてサイトウなしでクエストをやっていけるのか。大いに不安だし現実的な問題も多い。

　まずひとつにおれは車の免許を持っていない。この世界で運転をするのに免許が必要かといえば、ソフトウェアの中に道路交通法もへったくれもないので不要だろう。だからといって気兼ねなく運転ができるわけではない。Googleスプレッドシートには認定資格はないが、MOS[注1]のExcel エキスパートを持っているやつはすぐに勘所をつかんで使いこなすことができる。資格が必要ない場面においても、資格があるものは強いのだ。

　そういうわけで、おれは今イノウエの運転する車の助手席に乗っている。イノウエは免許を持っていたらしい。だからといって問題がないとは言えない。「MOSのスペシャリストを持っているからExcelは大丈夫です！」なんてやつを何人も見てきたが、正直飾り程度だ。なにが「こんな使い方はMOSで習ってないのでわかりません」だ？　調べてどうにかするのが仕事なんだ。スペシャリスト程度では**SUM/AVERAGE**などの基礎的、限定的な関数しか学べないため、かえってExcelの可能性を見誤らせかねない。**VLOOKUP**や**SUMIFS**のような応用の利く関数、また**TODAY**のような単体の機能は薄いが組み合わせて利用するための関数を学べるエキスパートまで持っていなければおれは信頼しない。いやMOSのことはいい、どのみちもうそんなものを受ける機会すらない、この世界にはエキスパート所持かそれ相当の職人たちしかいないのだ。問題は目の前のイノウエの運転だ。本人はなんの問題もな

いと言うが、どうみても問題だらけだ。免許を持っていないおれでもわかる。

　まず出発時から急発進。駐車場を歩いていたworkerを轢きかけていた。クエストまでの道は高速道路状になっている。信号がないことと歩行者がいないことはよいのだが、カーブはそれなりに多い。カーブのたびに強いGを感じていて、イノウエが進入速度を見誤っているのがわかる。走行車線、追い越し車線という区分はないようだが、サイトウを含めて良識あるworkerはそれとなく左レーンを走行車線、右レーンを追い越し車線として利用しており平和だった。イノウエはというと特にそういう意識はないらしい。ずっと右側車線をのんびり走っていたかと思えば、前の車が車線変更したのを見て思い出したように車線を変える。そしてずっとフラフラと走っている。一度隣の車線を走る車に近づきすぎてクラクションを鳴らされたのだが、「うるさいなあ、もお」とぶつくさ言っていただけだった。サイトウのいないクエストは不安でしかないが、一応事故なくクエスト会場に到着した。

　到着したシートを見渡すと、今日の獲物は文字列関数だった。
　文字列関数とはその名の通り文字列に対して処理を加える関数だ。代表的なものはLEFTやRIGHT。これらは文字列から一部を切り出す。たとえば「東京都港区六本木６丁目１０－１　六本木ヒルズ森タワー」という住所があるとしよう。

```
=LEFT("東京都港区六本木６丁目１０－１　六本木ヒルズ森タワー", 2)
```

　と書けば、「東京都港区六本木６丁目１０－１　六本木ヒルズ森タワー」の**左から2文字**が切り出されて「東京」という結果が返ってくる。

```
=RIGHT("東京都港区六本木６丁目１０－１　六本木ヒルズ森タワー", 10)
```

であれば、「六本木ヒルズ森タワー」となる。ただし、この2や10という文字数の指定が問題だ。たとえば県名を切り出す時、奈良や千葉なら2文字を指定しないといけないし、和歌山や神奈川なら3文字を指定する必要がある。こういった場合にはFINDを使う。

```
=FIND("県", "鹿児島県")
```

　と書けば、県は4文字目なので4という結果が帰ってくる。これをLEFTと組み合わせれば次のように文字数を考慮して県名を抜き出すことができる。

```
=LEFT("鹿児島県志布志市志布志町志布志２丁目１−１　志布志市役所志布
志支所", FIND("県", "鹿児島県志布志市志布志町志布志２丁目１−１
志布志市役所志布志支所"))
```

　もちろん、県だけでは困るので北海道、東京、大阪、京都の例外を処理してやる必要がある。

```
=IFS(LEFT(住所,3)="北海道","北海道",OR(LEFT(住所,3)="東京
都",LEFT(住所,3)="大阪府",LEFT(住所,3)="京都府"),LEFT(住
所,2),1=1,LEFT(住所,FIND("県",住所)))
```

　この書き方はいろいろあるし、きれいな書き方じゃないのは自覚している。しかし例だと思って受け入れてほしい。ちなみにIFSを使うとどの条件にも当てはまらなかったとき、つまりELSEをどうするかに困る。そういうときは1=1など常に成立する式を条件にしておく、というのは同僚だったエンジニアから教えてもらったテクニックだ。
　以上を見ると非常にまどろっこしく感じたかもしれないが、Excel職人と

いうのはよくこういうことをやっている。むしろデータの加工が必要になったとき、さっとこういうことができるのがExcel職人だと言ってもいい。

　それで今日のクエストを作っているのはおそらくおれと同じようなことを考えるExcel職人のようで、文字列関数で溢れかえっていた。どういう状態か具体的にいうと、ほとんど森。どうやら文字列関数というのは自然をモチーフにされているらしい。FINDの木々が生い茂りLENの花が咲く中、犬、猿、鳥が暮らしている。それぞれLEFT、MID、RIGHTだ。よく見るとVLOOKUPが混ざっているが、意外と馴染んでいる。

「チームワークが必要ですね」

　イノウエはそう言ってタモ網（釣りで使用する柄がついた網）をおれにわたした。さすまたや脚立、バットといい、workerの道具というのは、どうしてこうもファンタジーも未来もへったくれもないものばかりなのだろうか。文句を言っても仕方がない。おれたちは仕事に取り掛かった。

「ファインド！」

　イノウエがFINDを処理し、木がセルに吸い込まれる。FINDの上にいたMID（猿）が床に落ちてくる。着地したところをおれが網で捉える。MIDはキーッと抵抗を見せるが、そのまま「ミッド」と唱えると同様にセルに吸い込まれる。木陰に隠れていたLEFT（犬）が油断しているところをイノウエが処理。止まり木をなくしたRIGHT（鳥）が飛んでいたが、これもタモ網で捕まえておれが処理した。

「やるじゃないですか。その調子ですよ」

「はい、よろしくおねがいします」

　不安に思っていたサイトウなしのクエストだったが、幸先は悪くないようだった。

「ファインド！　レン！」

「レフト！　ライト！」

　おれとイノウエは順調に文字列関数たちをさばき、森が1セルずつ切り開かれていく。順調といえば順調なんだが、なにせ数が多い。文字列関数は組み合わせで利用されることも多く、1セルだけで3、4の関数が入っていることもざらだ。さらに対象のセル数も多いときている。

「なかなか終わりませんね」

「なんでこんなシート作っちゃうんでしょうね。さっぱりわからない」

「そうですか？　ぼくはよくこういうの書いてましたよ」

　おれは木陰に佇むVLOOKUPを処理しながら答えた。

「広告のデータ処理ではよくあるんです。広告のバナーも複数の要素でできてますから」

「そうなの？」

「たとえばそうですね、薬剤師の求人サイトがあるとするじゃないですか？その広告バナーの中でも、写真のモデルが男性か女性か、コピーで訴求する内容が残業が少ないことなのか時給が高いことなのか、色のパターンがどれかとか、他にもどのデザイナーが作ったものかとか、そういった複数の要素が含まれているんです」

「なるほど、それがなんでこの大量の文字列関数になるの？」

「広告配信のシステムって、広告に管理用の名称をつけられるんです。その名称の付け方は会社とか人によるんですが、たとえば『女性モデル1_時給コピー3_緑』みたいに要素をアンダースコアでつないで表現をしたりするんです。それで集計を行うExcelでは、その名前を分解するために文字列関数を使うんです。もちろんIDで管理して、それぞれの情報をマスタシートからVLOOKUPでひっぱったりすることもあります。あ、もちろんINDEX/MATCHでもいいです」

　危なかった。仲裁するサイトウがいない今、神学論争は避けたい。

「ふーん、理由はわかりました。でもこのユーザーさん、Googleスプレッドシートには不慣れみたいね。SPLITを使えば一発だし、そうでなくてもせめてREGEXEXTRACTを使うべきよ」

「す、スプリット？　レゲックス？　なんですかそれ」

「あ、タカハシさんも知らなかったんですね。まだworker生活も日が浅いですもんね〜。知らなくても仕方ないですよ」

イノウエが優越感を隠しきれない顔をしている。くそ、完全に悔しい。な
んなんだスプリットとレゲックスなんとか。悔しいが、知らないのがworker
としてよくないことだけは確かだ。教えを請うしかない。聞くは一時の恥、
聞かぬは一生の恥だ。おれはできるだけ下手にまわって尋ねた。

「すいません、その関数たちに遭遇したときにイノウエさんにご迷惑をおか
けするわけにはいかないので教えていただけないでしょうか？」

「ふふ、いいですよ。でもクエストが終わってからにしませんか。ユーザー
さんも待ってることですし」

　たしかにそのとおりだ。まだ半分以上の文字列関数たちが残っている。自
分の知らない関数たちがいくつもあることにいらだちも感じた。だがしか
し、同時にまだまだ探求すべきことが残っている楽しみもおぼえたのだった。

| File 06 | せーきひょーげん

　詰め所に戻り、イノウエはハイボールを飲みながらおれの知らない関数について説明をはじめた。

「そうですね、SPLITのことは説明しにくいのでREGEX関数から説明します。REGEXはregular expression、つまり正規表現のことなの。タカハシさん、正規表現は知ってますか？」

「はい、同僚のエンジニアに前に少しだけ教えてもらったことがあったので。Excelに貼り付ける前のCSVファイルのデータを加工したりするのに使ったことがあります」

「なんだ、知ってるんじゃないですか。あ、すいませーん、ハイボールおかわり。濃いめで」

　イノウエは少し悔しそうにしながら、半分ぐらい残っていたハイボールを一息に飲み干した。

「正規表現を知ってるなら話は早いですね。REGEX関数は正規表現に基づいた文字列関数なの。正規表現で検索してTRUE/FALSEを返すREGEXMATCH、正規表現に一致する文字列を抽出するREGEXEXTRACT、正規表現で検索して置換するREGEXREPLACEの3つがあるの」

　そう言いながら、イノウエはそれぞれの構文を紙ナプキンに書いた。

```
=REGEXEXTRACT(テキスト, 正規表現)
=REGEXMATCH(テキスト, 正規表現)
=REGEXREPLACE(テキスト, 正規表現, 置換)
```

「よくExcelしか知らない職人がFINDやLEFT、それから多重にIFを使って
都道府県を抜き出す関数を書くけど、REGEX関数を使えばこういうふうに
一発なの」

```
=REGEXEXTRACT(住所, ".{2,3}[都道府県]")
```

「これなら記述も最小だし、見ただけでなにを意図した式なのか一目瞭然で
しょ？　この1行だけで『東京都港区六本木６丁目１０－１　六本木ヒルズ森
タワー』から『東京都』も抜き出せるし、『鹿児島県志布志市志布志町志布志
２丁目１－１　志布志市役所志布志支所』からも『鹿児島県』が抜き出せる
わ」

　おれは圧倒された。REGEX関数の凄まじさに。そして志布志支所の住所を
一切噛まずによどみなく喋ってみせたイノウエに。REGEX関数の記述に比べ
たら、通常の文字列関数なんてまったくのゴミだ。どちらのほうがいいかな
んて議論する余地がない。実行速度については比べられないが、シンプルな
分おそらく速いのだろう。仮に速度が遅かったとしても、この可読性の差は
埋められない。可読性はただ読みやすいだけじゃなく、さらに他の処理を埋
め込んだ際の応用性にもつながってくる。複雑な処理をできる限りシンプル
に書くのは応用性を保つためでもあるのだ。

　おれはイノウエのことを完全に甘く見ていた。さっき頼んだハイボールだ
ってもうなくなりかけて次を頼んでいる。ペースが速い。だというのに流れ

```
```

るようにこの説明をしている。この世界に来て一緒に仕事をしたworkerはサイトウとイノウエだけだ。サイトウは常に落ち着いていてベテランで頼りになると思っていたが、イノウエのことは正直舐めていた。VLOOKUPにいいようにされるし、自分のやり方に頑固なところもあって柔軟性に欠ける。だがイノウエもworkerとして転生してくるだけの実力を持っていたのだ。おれには自覚が足りなかった。おれはworkerとして、いやそもそもExcel職人としてもまだまだひよっこだった。誰にも作れないシートが作れた。しかしそれはたかが20人程度の会社の中でのことでしかなかった。世界は広かった。Googleスプレッドシートという新しい潮流を試すこともしていなかった。愚かだ。あまりにも愚かだ。

　おれが沈黙する中、イノウエは黙々とハイボールの追加を頼んでいた。

───────────

「スプリット？　にゃんだっけそれ。そんなこといーからさ！　せーきひょーげん勉強しよ？　ね？」

　だめだ。明らかにこいつ飲みすぎだ。SPLITのことはもう諦めた。今度サイトウに聞こう。正規表現を教えてくれと言ってから、いつのまにかおかしなことになってしまった。ハイボールの追加を持ってきたクレアの顔が引きつっている。

「飲み過ぎはだめですよー、イノウエさーん。明日に響きますよ。そろそろお開きにしませんか？」

　クレアの注意に対し、イノウエはずれたメガネを戻して真顔になる。

「クレアさん、今わたしはworkerとして後輩に重要な指導をしているんです。タカハシさんもそろそろGoogle独自関数の処理を習得していかないといけないんです。ユーザーさんが増えてクエストも飽和気味だし、サイトウさんの謹慎だって続いています。わたしには果たさないといけない責任があるんです」

　イノウエはそこまでキリッとした顔で言い放ち、クレアからハイボールを奪い取った。クレアは一瞬呆れた表情をして引き下がっていった。この二人はどうもあまり相性が良くないフシがある。クレアが引き上げるとイノウエは顔を弛緩させ、元の酔っぱらいの表情に戻った。

「邪魔が入りましたがつづけます！！！　いーですかー、REGEX関数を処理するには構文だけじゃなくて**せーきひょーげん**についてりかいしておく必要があるんですよー」

　これはもう10回は聞いた。ここまで酔っ払う前にも言っていたのでおそらく事実なのだろう。だとするとまずい。正規表現についてはかじった程度、リファレンスを見ながらでないと基本的なこともおぼつかない。処理に失敗した関数がどうなるかはSUMIFSのときの経験から想像がつく。いくらイノウエが正規表現に強いと言っても、暴走したやつをしとめるのはサイトウなしでは困難だろう。そういえばREGEX関数、どんな姿をしてるんだ？　木だったら暴れようはないのでは。

「REGEX関数ってどんな姿してるんですか？」

「とりふぃどです」

「鳥……ふぃ、なんですか？　鳥ですか？　RIGHTみたいな感じ？」

「トリフィド[注2]、ですよ。Triffids。知らないんですか？　きょうようがないなー」

「結局どんな形なんです？」

「木ですよ、木。植物の」

「よかった。それなら落ち着いて処理に集中できますね」

「歩くし、刺してくるけどねー」

「は？」

「ほんとに知らないんですか？　あんなめーさくを？　3つの脚でずるずるあるいて、刺毛で刺してくるんですよー、こわいでしょ？」

　グビグビとハイボールを飲みながらイノウエはわけのわからないことを言い続けている。もう10杯は飲んでるはずだ。

「しもう？　あし？　植物ですよね？　なに言ってるか全然わかんないんですけど。3つのREGEX関数全部がそうなんですか？」

　イノウエが手元のハイボールを一気に飲んで言う。

「わーかーになってあれをはじめて見たときすぅ*ごお{5}ごく(感動|感激)したんですよ！！！　あれをはじめて読んだのは2[1-4]歳のときだった

かなぁ。危険とはいえ(単純|バカ)に見えたトリフィドの(協調性|集団意識)に気づいていくときの(ぞく){2}する感じ。わかんないかなー。(バカじゃないの)?」

　まずい、まずいぞ。こいつ、正規表現で発話しはじめた。

「あれ+え{3}？　タカハシさんよく見たらいいオトコじゃんー。(彼女|奥さん|彼氏|パートナー)とかいるんですかぁ？　ワタシ酔っちゃったなぁあ」

　やばい。いよいよやばいぞ。

「ねえワタシのことどうおもいますか？*　サイトウさんとワタシ、(ぶっちゃけ|正直)どっちが好みなのか教えてくださいよ！{5，10}そりゃあ上司×部下も悪くないですけど、+　ワタシだってたまにはそういうのもいいかなって。実際どうなんですか？　ワタシと(セックス)?したくありませんか？」

　イノウエが隣に来てしなだれかかってくる。油断するなタカハシ。これはラッキーではない。思い出すんだ、サイトウがどうなったのか。酔った女性の誘いに乗ってはだめだ。(落ち着け。){3}ここで謹慎を食らうわけにはいかない。おれはGoogleスプレッドシートのworker、仕事は関数の処理なんだ。(おれは暴走するイノウエをなだめ、隙をみて部屋に帰った)?

────────

「あたたたた。うー、あたまいたい。きもちわるい……」

　おれたちはリアカーをひきながらクエストにむかっていた。追い越し車線を

通り過ぎるworkerたちの視線が冷たい。自転車とか歩くとか、そういうマシな手段もあるのだが、おれたちworkerにも仕事道具がある。バット、さすまた、脚立、タモ網。そういう文明的な道具の数々が関数との戦いを支えている。

　本当のところもっと異世界ファンタジーっぽく剣とか、SFっぽくレーザー銃とかあればいいと思っているのだが贅沢は言えない。与えられた条件の中で最高の結果を出すのが仕事だ。いつもは10分とかからずクエストに到着するのだが、今日ばかりは1時間ぐらいはかかったんじゃないだろうか。イノウエが時折休憩して水を飲んでいたのも遅くなった原因だ。こんだけ体調悪いなら有給取れよと思ったが、この世界に有給という概念が存在するのかはわからない。

　クエストのシートに着いたときイノウエはギリギリ動けるかどうかというぐらいだったが、おれはやる気に満ち溢れていた。今日はREGEX関数たちとやり合うのだ。クエストにどのような関数がでるのか、それは究極的にはわからない。だがある程度高い精度で予測は可能のようだ。その予測結果に基づき、マネージャーたちはおれたちworkerにクエストを割り振っている。なにせ関数は400以上ある。すべてを網羅しているworkerがいるのかわからないが、金融や統計、高度な数学などは専門外のworkerが出くわすと対処できない。workerの能力と適正を見極めつつ、クエストが割り振られている。

　そして今日、おれはクレアにREGEX関数が出そうな場所はないかと注文をつけた。クレアは青白い顔をしたイノウエを見て少しだけ眉間にシワを寄せたが、それらしいクエストを割り振ってくれた。イノウエはREGEX関数に適正があるとみなされているらしい。

「えーっと、正規表現の勉強をしはじめた理系学生の練習帳のクエストです。ここなら大丈夫でしょう。くれぐれも無理はしないようにしてくださいね。あとREGEX関数の処理ならこれが必要ですね」

クレアはそう言って細長いダンボールの箱を2つを差し出し、おれたちを
クエストにアサインした。大丈夫だ。昨晩はひどい夜でもあったが、あんな
中でも正規表現についてある程度は学習できた。これはおれにとって新しい
実績を積むチャンスなんだ。

　扉を開けてクエストを開始する。遅くなったからか、すでにシートの中に
は5体ほどの例のトリフィドがいた。

　昨晩、REGEX関数の姿についてイノウエから聞いたときは正直あまり要領
を得なかったのだが、それは仕方のないことだと悟った。こんなものは説明
できない。

　たしかに基本的な特徴は植物なのだが、一般的に思い浮かべる木の印象とあ
まりにも乖離している。葉は申し訳程度でほとんどついていない。幹はまるで
仔牛でも飲み込んでいるかのように丸く太っている。そしてその表面はひどく
ゴツゴツしていてドラゴンの鱗のようだ。2〜3メートルあるそいつらのてっぺ
んには人間の頭ぐらいの大きさの壺状の器官があり、そこからイノウエが刺毛
と言っていたトゲがのぞいている。そして何より異常なのは植物だというの
に、3つの図太い根のような器官でずるずると移動をしていることだ。

　おれはクレアに託された高枝切りバサミをグッと握りしめた。イノウエは
後ろであくびをしている。

「あの脚が出ていて動いているのがREGEXREPLACEで、脚が埋まってい
る方がREGEXEXTRACTです」

　イノウエが教えてくれた。

「REGEXMATCHはいないんですか？」

「MATCHはもっと細くて小さいやつで、あれはほとんど危険はないのでFINDとかと変わりません」

「REPLACEとEXTRACTは？」

「あいつらもあっちから攻撃してくることはほとんどないです。とはいえ処理するときに刺されないとも限らないので、先に刺毛の先端を剪定しておくのがセオリーです。そうすれば無力化できます」

　なるほど。思っていたよりも凶暴な相手ではないようだ。おれは高枝切りバサミの柄を伸ばした。

「まず……、1体やってみせます」

　イノウエは二日酔いの頭を抱えながら言い、一体のREGEXEXTRACTに近づいた。その壺状の器官、というか頭からのぞいている刺毛の先のトゲに慎重に狙いを定め、高枝切りバサミのトリガーを引く。

　バサリ

　あっけなくトゲは床に落ちた。REGEXEXTRACTはというと、身体の一部を切られたことにはあまり関心がないらしい。トゲがなくなった刺毛をふらふらさせている。イノウエはそいつに近づき、幹に触れて唱えた。

「レゲックスエクストラクト」

REGEXEXTRACTは半透明になりながらゆっくりとセルに吸い込まれて消え、セルには光が灯った。

「そっちのREPLACE、やってみて。あ、脚を踏まないように気をつけて」

　おれはイノウエに促されてREGEXREPLACEの一体に近づく。脚があるものの特に動く気配はない。刺毛の先のトゲに狙いを定め、トリガーを引く。

　バサリ

　あっさりとトゲが落ちた。REGEXREPLACEは特に変わらずたたずんでいる。おれは近づき、幹に触れて唱える。

「レゲックスリプレイス」

　あっけなくそいつはセルに吸い込まれて消えた。

　その後、残りのREGEX関数たちの処理も滞り無く終わった。REGEX関数たちはイノウエの説明通りおとなしく、苦労はしなかった。イノウエは水を飲みながら休んでいた。問題なく処理できたということは、おれの正規表現知識でも今回のやつらはどうにかなったということなのだろう。

「ありがとうございました。イノウエさんのおかげでREGEX関数を処理できるようになりました」

　これは異世界転生ではなくて仕事だ。先輩をたてるコミュニケーションは軽視できない。

「うむ、くるしゅうない」

　イノウエは二日酔いも収まりつつあり上機嫌そうだ。もう終わりかな、そう思ったとき追加で4体のREGEX関数が出現した。さっきの個体と姿は変わらないが、幹の隙間から赤い光が漏れでている。
　イノウエの表情がこわばった。

「やばい、#REF!よ」
「れ、れふ？」
「いいからアタッチメントをつけかえて！！！」

　おれたちは高枝切りバサミのアタッチメントをハサミからナタに切り替えた。REGEX関数のうち2体はREPLACE。さっきはほとんど動かなかったが、今度は明確にこちらにむかってずるずると移動し、刺毛を活発にくねらせている。

「まずはEXTRACTからREPLACEを引き離します。ついてきて、EXTRACTの射程に入らないように気をつけて」

　イノウエとおれは落ち着いて距離を取りながら、A20セルまで歩いていった。関数の出現位置はC1からC4セル。十分な距離をとった。REPLACEはこちらにむかって歩いてくるが、そのスピードは遅い。

「説明します。あれは#REF!、エラーです」

「エラー？　構文ミスですか？」

「そのケースも多いけど、おそらくあれは処理できない正規表現が含まれているんだと思います。REGEX関数は便利だけど、正規表現のすべてがカバーされているわけではないの」

「そうなんですか」

「具体的にはあとで教えます。問題はあれは処理できないことと攻撃してくるってこと」

「え？　それじゃあどうしたら」

「刺毛を切っておとなしくさせます。あとは放って置くしかないです」
「わかりました」

「1体ずつ相手しましょう。タカハシさん、申し訳ないのですが1体をH列ぐらいまで連れていって、そのあとこっちに戻ってきてもらえませんか。引き離して1体ずつ処理しましょう」

　なるほど、作戦は良さそうだ。おれはREPLACEの後ろに回り込み、1体を後ろからナタで突いた。この高枝切りバサミは伸縮式で伸ばせば3メートルになる。これなら刺毛の射程には入らない。狙い通り1体の注意がおれにむき、こちらのほうに近づいてきた。もう1体はイノウエのほうへかわらず進んでいる。それにしてもこいつら目でもついているのだろうか、どうやってこっちを見ているのかさっぱりわからない。
　そのまま適度に注意をひきつつ、作戦通り1体をH列まで引き離すことができた。イノウエのほうに目配せすると、イノウエはうなずいてこちらに来るよう合図する。おれは1体のREPLACEを残し、イノウエともう1体のほうに

走った。

「ありがとう。順調ですね。まずはこの1体から」

「このあとの作戦はどのように？」

「武器は短くしておいて。その長さじゃ切れないです」

　たしかに。3メートルは敵の射程に入らずに済むが、一方で動き回るトゲを
ナタで落とすには長くて扱いにくい。おれは高枝切りバサミの柄を縮めた。

「それでこのあとは？」

「刺されないように気をつけながらトゲを切り落とします」

「それはもうおっしゃる通りなんですが、なんと言いますか、うまくいくた
めの作戦とかTIPSみたいなものとかはないでしょうか？」

「んー、もう1体ずつ戦えるようにしたのでてきとうでよくないですか？」

「いや、あのトゲ怖いですよ。刺されたら危ないでしょ」

「原作では毒があるけどあいつにはないから大丈夫」

「毒！？　原作は毒があるんですか。いやいいや。毒がなくてもあのトゲ結
構鋭いですよ。刺されたら……」

「血が出ます」

「血は出たくなくないですか？」

「あーもーうるさいなあ、じゃあ囮作戦！　タカハシさんが囮になって射程に入って攻撃を受ける。受けたら筋肉を締め上げて抜けないようにしてください。そこをわたしがバサリ、これでいいですか」

「そんなアクション漫画みたいな真似はできません」

「タカハシさん、あなたはもう普通の人間じゃない。Googleスプレッドシートのworkerなんですよ」

「それはそうですけど、特に体力は変わってないですよ。高枝切りバサミを持ったただの成人男性です」

「まあ避けてもいいや、とりあえず囮になってください」

　聞くんじゃなかったとは思ったが、刺毛が出てきたところでないと攻撃はできないのでカウンターを狙うしかない。合理的といえば合理的だ。各個撃破といい、イノウエは作戦についてはマトモだ。きつい役回りが常におれということを除けばだが。仕方なくおれはREGEXREPLACEの眼の前に立った。

　一瞬、間をおいてREGEXREPLACEが刺毛を打ち込んでくる。思ったより速い。やばい。死ぬ。
　反応はできなかったが、トゲはおれの少し左側の空を刺した。あまり狙いは良くないらしい。

「やあああああっ！！！！！」

　あぶねえ。イノウエが斜め右後ろからおれの目の前にナタを振り下ろした。肝心のREGEXREPLACEにはまったくかすってもいない。こちらも狙いは良くないらしい。REPLACEはするすると刺毛を巻き戻す。刺してから回収まではあまり速くはない。焦らずカウンターを狙えばいけるだろう。ただし、もう一体のREGEXがじりじりと近づきつつある。時間はかけられない。

「もう一度。次は避けずに受けてください」
「いや、そもそも避けてもなかったですよ」
「じゃあ当たりにいってください」

　イノウエが無茶苦茶なことを言ってくる。なぜそんなに体を張らないといけないんだ。そう思っていると次の一撃がきた。速さがわかっているので落ち着いて見える。トゲはおれの足元の床にあたって滑っていった。
　あれ、これはチャンスでは？　そう思って刺毛を踏みつける。巻き戻そうと力がかかるが大したことはない。

「ぇえええええい！！！」

　イノウエが刺毛の中央を叩き切った。切られた刺毛はシュッと巻き戻ったが、そのまま動かずおとなしくなった。無力化できたようだ。

「ナイスでした。次いきましょう」

　実のところREGEXREPLACEが攻撃を外し続けただけだったのだが、まあ

いいや。

　イノウエとふたりでもう一体のREGEXREPLACEの前に向かう。同じ要領で落ち着いてカウンターを狙えばいけるだろう。希望的観測だがこいつらの狙いは良くない。

　　ザッ

　身構えたところにREGEXREPLACEの刺毛が飛んでくる。やはり狙いは悪い。避ける間もなく右にそれていった。が、後ろから大声。

「いっっ痛ぁあああああああ！！！！！！！」

　ふり返るとイノウエが右肩を抑えていた。おれからは外れたが、運悪く後ろのイノウエに当たってしまったようだ。

「だ、大丈夫ですか？」

　イノウエは黙っている。まずい。REGEXREPLACEは刺毛を回収しはじめている。

「とりあえず下がってください。次が来ます！！」

　次は来なかった。イノウエがキレた。

「こぉんのクソ関数がぁああああああああ！！！！！！！！」

　イノウエはREGEXREPLACEに全力でタックルして押し倒した。根をはっ

ていないと木も倒れるようだ。表情のないREGEX関数だが、驚き戸惑っているのが見えるようだった。

「てめぇ、ふざけんなよ！！！　先読み後読みもマッチできねえくせにエラーにあばれてんじゃねえよ！！　ぶっ殺すぞ！！！！」

　イノウエは力の限りREGEXREPLACEの幹を踏みつけ、蹴り、罵っている。不憫だ。やめてくれといわんばかりに頂上付近の枝が刺毛がしまわれている壺状器官を覆っている。

「中途半端な表現しか使えねえからそうやってエラーになって暴走すんだろ！！　いつになったら先読み後読みできるようになるんだよ！！　あああ！？」

　取り乱してはいるが、罵っている内容は関数としての機能不足のようだ。見ていられない。おれはせめて楽にしてやろうと、刺毛のトゲを切り落としてやった。

「この……、クソ関数がっ……」

　イノウエはしばらくREGEXREPLACEを踏みつけ続けていた。おとなしくなっているというのに不憫だ。悪いのはエラーが起きる数式を作り、そして放置しているユーザーではないのか。哀れだ。イノウエも昨日はあんなにREGEX関数を褒めちぎっていたはずなのに。workerとしてもっともつらいことは、大好きな関数たちと文字通りの意味で殴り合わなくてはいけないことだろう。おれもSUMIFSに襲われたときにそれを思い知った。

「イノウエさん、大丈夫ですか？」

「え……ええ、取り乱してしまって申し訳ありません。まだEXTRACT2体が残っていますね」

「はい、動かないので放っておいてもいいかと思いますがどうでしょうか？」

「そうですね、一応あいつらの影に処理対象の正常な関数が隠れていたりすると困るので見にいきましょう」

　おれたちは残る2体のほうへ戻ることにした。歩きながらおれは尋ねた。

「ところで、エラーの原因ってなんなんでしょうか？」

「ああ、すいません。説明を忘れてました。REGEX関数は正規表現を使ってマッチする文字列関数なのですが、一般にプログラミングでよく使われるような正規表現に対応しているかというとそうでもないんです。よくエラーになるケースが後読み先読みのマッチです。たとえば、『東京都港区六本木6丁目１０−１ 六本木ヒルズ森タワー』という住所に対して『ヒルズ』の後ろにある文字にマッチしたい場合は(?<=ヒルズ)で表現できるのです。これは都道府県の後ろを抽出するとか、メールアドレスのドメインの前を抽出するとか、いろいろと便利なシーンが多いのですが、残念ながらREGEX関数では対応していないんです」

　イノウエはさっきまでキレていたのがウソのようだ。正規表現に関しては深い知識がスルスルと出てくる。そうやって喋っているうちに入口近くに戻ってきたので、薄ら赤く光るREGEXEXTRACTを遠巻きに眺めた。

「なにか見えますか？」

「いやー、大丈夫そ……、いやなにかいますね」

　1体のREGEXEXTRACTの根本を手のひらサイズの関数、というか手のひらそのままの関数が這っている。アダムス・ファミリーのハンド、VLOOKUPだ。

「このユーザー、どういう目的でこのシート作ってるんでしょうか。理系学生の正規表現の練習だって聞いてましたけど」

「自由帳みたいなシートの使い方する人、たまにいるんですよ。そんなに複雑な関数や膨大なデータが出てくることはないのですが、突拍子もない関数が出現しがちですね」

　なるほど、そう言われると確かにおれも特定の意図ではなく、ちょっとしたデータの加工などに使うExcelを常にデスクトップに置いていた。

「面倒だけどEXTRACTをおとなしくさせてから処理しましょう。先程と同じ要領でいいですね」

　おれはうなずき、REGEXEXTRACTの前に立とうとしたその時、VLOOKUPがカサカサと歩いておれの高枝切りバサミに飛びついてきた。ついてるぞ。おれはVLOOKUPに手を重ねて唱えた。

「処理します。ブイルックアップ！」

数秒経ったかがなんの反応もない。 手をどけてみてみると、 この
VLOOKUP、小指の爪がマニキュアを塗ったように赤い。ただでさえキモい
のにどうなっているんだ。

「イノウエさん、これって……?」

「こいつもエラーですね……」

　おれもworkerになる前はさんざんエラーを出してきたので文句は言えな
いのだが、さすがに勘弁してほしいものだ。VLOOKUPは所詮ハンドなので
REGEX関数のような危険はなく、高枝切りバサミの柄をすこしずつたぐって
いる。居座られてもうっとうしいのでおれはブン、と柄を振った。

「いやあああああああああ!!!!!!」

　VLOOKUPはつかまりきれずに飛んでいった。しかし落ちた先が悪かった。
放物線を描いた後、なぜかそいつはイノウエの胸元というか胸につかまって
着地した。VLOOKUPとイノウエはなぜいつもこうなるのだろうか。正直少
しうらやましい。

「す、すいません。そんなつもりじゃ、いやそっちに飛ばすつもりは……」

　なんだかラッキースケベをやらかしたような弁明をしてしまいかけて自分
でも困惑した。

「許せない……、許せない……、責任取らせてやる」

　イノウエはVLOOKUPの手首をつかみ、胸から引き剥がした。VLOOKUPの手を開かせて床に押し付ける。ナタの根本を持ち、VLOOKUPの小指に刃をあてる。おいおいおいおいおい。どうしたらいいんだ。そんな猟奇的なシーン見たくないぞ。しかしどうすることもできない。イノウエがナタを振りかぶったその時、VLOOKUPが消えた。周囲のREGEX関数も同時に消えた。

「ちっ逃げたか」

　どうやらユーザーがエラーの関数を消したようだった。こうしてサイトウのいない2日目のクエストは終了した。

————————————

「まったく、生きづれえ世の中だな」

　サイトウは自室でYouTubeを見ながら2日前のことを思い出していた。

「サイトウさーん、もう昭和じゃないんですっ！　セクハラ発言は謹んでください！」

「クレアよお、そんな顔で怒ったってちっとも怖くねえぞ。どうせなら髭面で凄んだらどうなんだ？　だいたいおれだって働き始めたのは平成なんだよ。ジジイ扱いしやがって」

　クレアが白い顔を赤くしてぷーっと膨らませている。どうやらキャラを変える気はないらしい。

「そういうデリカシーのない発言が困るんですっ！」

「女の皮かぶったやつに言われたって説得力ねえよ。それにイノウエがチクったかしらねえがたいしたことじゃねえだろ。ちっと厳しすぎやしねえか？」

「ここ数年で世間が厳しくなったんですぅ。適切でない発言は控えてくださいっ！」

「知るかよ、おれは2012年からずっとここにいる。外で生きてるおめえらとはちげえんだよ」

　クレアはバツの悪そうな顔を一瞬してから機械的な笑顔でいった。

「大変失礼しました。ユーザーさんにGoogleスプレッドシートを使っていただけてるのは、サイトウさんのようなworkerの皆さんのおかげです。サイトウさんみたいな歴の長い方には本当に感謝しています。でもこれからもがんばって欲しいからこそ、理解してほしいんです。イノウエさんだけじゃなく、これからworkerとして来ていただく方の価値観はもっと変わってくるんです。そういった方と一緒にお仕事してもらわないといけないんで、今回は謹慎を受け入れてくださいっ！」

「よく言うぜ、Googleの検索履歴からExcel職人割り出しておいてここに連れてきてるのはてめえらじゃねえか。まぁいいや、謹んで休ませてもらうとするよ」

「ありがとうございます！　そうそう頼まれてた映画の追加ですが、アカウントに入れておきましたよー。せっかくのお休みですし、新作でも見てくだ

さい。『シン・ゴジラ』とかどうですか？　あとはインド映画ですが『バーフ
バリ』もいいですよ」

「ゴジラ？　懐かしいなおい。インド映画ってのはあんまり見たことねえが
おもしれえのか？」

「日本でも大ヒットしてます。中身はまあ見てのお楽しみですね」

「ふうん。洋画はねえのか？　洋画は」

「『T2』はどうですか？」

「なんだそりゃ、ターミネーターなんて今さら言うなよ」

「『トレイン・スポッティング2』ですよ。トレイン・スポッティングの20年
後の続編です」

「おお、そいつあいいじゃねえか。ありがとよ」

「いえいえ、サイトウさんのためですから！　なんでも言ってくださいね」

　それからサイトウが見た映画の本編の前には、スキップできないダイバー
シティ研修動画が差し込まれていた。

注1　マイクロソフトオフィス製品の公式資格、Microsoft Office Specialistを指す。ソフトごとに資格があり、
　　　Excelではスペシャリスト（一般）とエキスパート（上級）に分かれている。
注2　小説『トリフィド時代』ジョン・ウィンダム著。

SPLIT関数の

ココがポイント！

サイトウだ。SPLIT関数でおれたちが変えた表計算の歴史について語らせてもらう。シンプルだがExcelに慣れている職人は初めて見たときに驚いて理解できないことが多い関数だ。

SPLITの基本

　SPLIT関数は、名前のとおりだが、文字列を分割するシンプルな関数だ。図3.1の例では「タカハシ,サイトウ,イノウエ」という文字列を区切り文字「,」で分割している。

　ここでポイントなのはB2セルに書かれているSPLIT関数の結果が、B2/C2/D2の3つのセルに展開されていることだ。これはExcelを昔から使ってきたやつほど理解に苦しむんだ。数式の結果が反映されるのは数式が書かれたセルだけというのがExcelでは常識だったからな。

　タカハシがLEFTやRIGHT、FINDを使って区切り文字を分ける方法のことを言ってたが、SPLITを使えばあんなややこしいことをする必要はねえ。便利だろ？

[図 3.1 SPLITの基本構文]

```
=SPLIT(  B1,        ","       )
        分割するテキスト   区切り文字
```

	A	B	C	D
1	元の値⇒	タカハシ,サイトウ,イノウエ		
2	SPLITを書くセル⇒	タカハシ	サイトウ	イノウエ

　もちろん注意しなくちゃいけねえこともある。数式を書いたセル以外にも結

果が展開されるってことは、その先に値があると困るってこった。

　もし展開先のセルになにか値が入力されていたら、図3.2みたいにエラーになっちまう。

[図 3.2 SPLITのエラー]

	A	B	C	D
1	元の値⇒	タカハシ,サイトウ,イノウエ		
2	SPLITを書くセル⇒	#REF!	エラー	ブロック
3			配列結果は D2 のデータを上書きするため、展開されませんでした。	
4				
5				
6				
7				
8				

　ちなみに分割した値は右の列に展開されるが、もし下の行に展開したい場合は図3.3のようにTRANSPOSE関数を使うといいぞ。

　TRANSPOSE関数は指定した範囲を行列を入れ替えて転置して展開する関数だ。SPLITと組み合わせれば区切った値を縦に値を展開できる。

[図 3.3 TRANSPOSEによる転置]
=TRANSPOSE(SPLIT(B1, ","))

	A	B
1	元の値⇒	タカハシ,サイトウ,イノウエ
2	SPLITを書くセル⇒	タカハシ
3		サイトウ
4		イノウエ

SPLITのオプション

SPLITは多くの場合、カンマ（,）やハイフン（-）、アンダースコア（_）などのわかりやすい区切り文字の分割に使われることが多い。

こういうときにはオプションを気にしなくてもいいが、知らずにいると落とし穴にハマる。

```
Back to the Future
Back to the Future Part II
Back to the Future Part III
```

こういった映画のタイトルを「Part」で分割するとする。このときに、

```
=SPLIT(タイトル, "Part")
```

と書くと図3.4のような想像と違う結果になるはずだ。

[図 3.4 SPLITのオプション各文字での分割I]

	A	B	C	D	E	F	G	H
1	Back to the Future	B	ck	o	he Fu	u	e	
2	Back to the Future Part II	B	ck	o	he Fu	u	e	II
3	Back to the Future Part III	B	ck	o	he Fu	u	e	III

SPLITの通常の動作では、区切り文字のP/a/r/tの各文字で分割をするようになっている。

もし「Part」という文字で分割をしたかったら、図3.5のように各文字での分

割オプションを指定しないといけない。

[図 3.5 SPLITのオプション各文字での分割2]

=SPLIT(タイトル , "Part", FALSE)

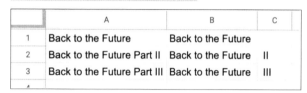

	A	B	C
1	Back to the Future	Back to the Future	
2	Back to the Future Part II	Back to the Future	II
3	Back to the Future Part III	Back to the Future	III

　もう一つのオプション「空のテキストを削除」はそんなに難しくないだろう。

[図 3.6 SPLITのオプション空のテキストを削除]

・空のテキストを削除：TRUE

　=SPLIT(B1,"o",TRUE)

・空のテキストを削除：FALSE

　=SPLIT(B2,"o",TRUE,FALSE)

	A	B	C	D	E
1	空のテキストを削除：TRUE	Google	G		gle
2	空のテキストを削除：FALSE	Google	G		gle

　区切り文字が2つ続いたときに、間に空白セルを入れるかどうかだな。

　よく使っている関数でも、オプションの中身は知らねえっ
てことは意外と多い。workerになると自分が理解してないオ
プションが命取りになるから、Excel職人やってくんなら転生
に備えてドキュメントを読んでオプションも理解しておく
んだな。

| 第4章 | 配列関数
ARRAYFORMULAとの死闘

| File 07 | 大群の襲来

「おう！　久しぶりだな。おれがいない間も無事だったようでなによりだ」

　ついにサイトウの謹慎期間が終わった。長く、つらかった。特にクエスト
までの道中のイノウエの運転がつらかった。

「無事じゃないですよー！　#REF!のREGEXREPLACEには刺されるし」
「はは、まあいいじゃねえか。今日仕事ができるってことはクエスト自体は
うまくいったんだろ？　タカハシも新しい関数処理できるようになったし、
先輩としてはイノウエのお手柄ってことだろ？　な？」
「えへへ、まあそういうことになりますね」
「本当に助かりました。今後はご迷惑かけないようにがんばります」
「うむうむ」

　この世界のいいところは、worker全員がもともと組織で生きていた会社員
なので、可能なかぎり機嫌よく仕事ができるように気遣いをしているところ
だ。

「じゃあいくか、今日は大仕事になるぞ」

　サイトウがいつもの軽自動車ではなく、6、7人は乗れそうなワンボックス
カーに乗り込んだ。後部座席にはさすまた、高枝切りバサミ、脚立、その他

諸々の道具がいつも以上に積まれている。

「今回のクエストはファイル全体の構築だ」
「どういうことですか？」
「そうだな、これまでのクエストはファイルの利用やメンテナンスなんだ。だから関数の種類は多くないし、仕事もすぐ終わる。だが今日はファイルをイチから構築される現場だ。2、3日かかるのも覚悟しておけ」
「え、1ファイル作るのさすがに2、3日もかからないですよね？」
「それはそうだが、おれたちとユーザーさんでは時間の流れが違う。関数の処理だっておれたちの視点では時間かかってるが、ユーザーさんからみりゃ一瞬だよ。処理の最中は特に時間の進みが遅い。それはともかく、ユーザーさんとしても全体の構築となると2、3時間ぐらいはかかってたっておかしくはないだろ、それに付き合う必要があるってこった」

　言われてみるとそりゃそうだ。1つの関数を処理するのに10分以上かかってることもザラだし、大量に出現したときは1時間以上かかってる。あれが現実の時間だったらこんなツールは誰も使わないだろう。

　到着してみるとクエストの構造はいつもと異なっていた。まず入口付近に普段はない螺旋階段がある。複数シートをまたいで仕事をする必要があるということらしい。

「こいつを渡しておこう」

　サイトウはおれとイノウエにショルダーバッグを渡した。中にはトランシーバー、カロリーメイト、Androidのキャラクターがラベルに書かれた水の入ったペットボトル、それからよくわからないランプとスピーカーのような

ものがついた小さな丸い機械。

「そいつはセンサーだ。別の階のシートに関数が出たときにわかるようになってる。まずは下見だ。それぞれのシートの内容のアタリをつけるぞ」

　1階のセルにはすでに膨大なデータが浮かび上がっていた。そのわりには罫線や色は入っていない。

「タカハシ、内容わかるか？　ユーザーさんは広告業界のはずだ」
「これは……、DSPかアドネットワーク、広告配信実績のデータですね。どの広告が日付ごとにどれだけ配信されてクリックされたか程度で、そこまで複雑ではなさそうです。関数が出るとしたら、集計しやすいようにデータを加工する文字列関数かVLOOKUPぐらいじゃないでしょうか」

　おれたちはワンボックスカーから金属バット、タモ網、高枝切りバサミなどを配置した。イノウエが見張りのためにシートに残り、おれとサイトウは他のシートを下見に上がる。
　次のシートはこじんまりした部屋だ。僅かだが3列、10行ほどデータが入力されている。このシートはおそらくDSPの広告配信データを加工するためのマスタだろう。ここには関数が出ることはおそらくないはずだ。
　その後も見て回るとシートは5階まであった。今のところ1、2階以外は関数もデータもなく平和だった。サイトウは携帯用のホワイトボードに状況をメモした。このおっさん、意外とマメだ。1階と3〜5階がおそらく主戦場になるだろう。

　　　5階：集計？

　　　4階：集計？

　　　3階：集計？

　　　2階：マスタ

　　　1階：データ貼り付け

　1階に戻ってみると、イノウエはVLOOKUPと腕相撲をしていた。

「ぐぎぎぎぎ……、負けるかぁ！！！　……ブイルックアップ！」

　腕相撲に負けそうになったイノウエは、VLOOKUPを処理してなかったこ
とにした。

「おい……、お前なにしてんだ……」

「はっ！　サイトウさん、すいません。いまのはズルして勝とうとしたわけ
じゃないんです」

「そういうことじゃなくてだな……、遊んでんじゃねえよ！！」

「す、すいません……、退屈だったもので。うっかり」

「まあいいや、状況はどうだ？」

「ひまです、ひま。さっきからVLOOKUPが今いるセルに出てくるぐらい。
これで4匹目です」

「同じセルか、まだ何度か出現して、結果が落ち着いたら一気に湧いて出て
くるはずだな」

　イノウエもウンウンとうなずいている。どうして出現タイミングがわかる
のだろうか？　おれはサイトウに聞いた。

「ちったあ自分で考えてみろよ。Excel職人がworkerをやってるのはな、ただ関数の処理ができるってだけの理由じゃねえんだ。自分がシートを作るときにどうしているか想像するんだよ」

「……そうですね。たしかに作り始めたばかりのファイルなら参照する列もはっきりと決められていないことも多いし、$をつけ忘れて相対参照になっていたのを絶対参照[注1]にしたりすることも多いですね。それである程度納得のいく式が書けたら他の行に一気にコピーしていく」

「そういうこった。とはいえどこで何が起きるかはわからねえ、散らばって待機するぞ」

　イノウエは1階に残り、おれは3階、サイトウは5階でそれぞれ関数の出現を待った。しかし待てども待てどもシートには動きがない。1時間は経ったのではないだろうか。トランシーバーから声が聞こえてきた。

『あー、こちらサイトウ。動きあったか』

「いえ、全くなにもないです」

『イノウエはどうだ？　聞いてるか？』

『すいません、ヒマなんでヨガやってました』

『そうか。ユーザーさんは誰かにこの仕事の邪魔をされてるようだな。各自引き続き待機しろ』

　つらい話だ。おれが生きていたころもそんなことばかりだった。

「なんか高橋の作ったExcelがなにもしてないけど壊れたんで見てもらっていい？」

　同僚が不機嫌そうにやってくる。なにもしてないのに壊れるわけないだろう。だいたい壊れたってなんだ。正確に言え。

「見たところエラーはないようですが、どこが壊れているんでしょう？」
「管理画面に出ているレポートと数字が合わないんだよね」

　はじめからそう言ってくれ。わかるわけないだろう。そう思いつつ問題の原因を探っていく。たしかに見せられた管理画面とExcelで数値が大幅に異なっている。関数を見たがそもそも列をSUMしているだけで、数式としては間違いようがないものだ。貼り付けてあるデータを見てみると、管理画面で表示してあるレポート期間にない日付のレポートが入っている。

「これ、違う期間のデータ貼ってませんか？」
「あれー、おっかしいなぁ。そんなはずはないんだけど」

　はずがないかどうか知らないが、事実そうなのだ。人の時間を無駄にしやがって。

　またこんなこともあった。

「高橋さんのExcelをマネてレポート作ってみたんですが、ちょっとうまくいかないところがあって見てもらえませんか？」

感心なことだ。ぱっと見たところ、構造も体裁もきれいに整えてある。しかし集計値が出ないのだという。

```
=SUMIFS(配信数, 日付, $A3)
```

　名前付き範囲も使われていていいじゃないか、と思ったがよく見るとそんな範囲は定義されていない。

「この配信数とか日付ってやつ、名前付き範囲として定義してないですよね？　範囲を定義してやるか、そうじゃなかったら直接セルを参照してあげないとダメですよ」

「えー、そんなめんどくさいことしないといけないんですか。高橋さんのシート見てたら日本語で書いててもうまく動いてるからExcelってなんか勝手にいい感じにやってくれるもんだと思ってましたけど、あんまり役に立たないんですね」

　生まれてくるのが10年早かったな。しかし役に立たないとはなんだ。こんなに便利なツールないぞ。使う側の問題なんだよ。

————————————

　なにも起きないシートに1人でいると、つらいことばかりが思い起こされた。毎日がそういう様子だった。そうやって絶望した結果、おれはこの世界に来たのだった。ヒマだと思考が空転してよくない。案外ヨガをやっていたイノウエの行動は正解なのだろう。どうやって過ごそうかと考えていたとこ

ろ、トランシーバーからイノウエの声が聞こえてきた。

『イノウエでーす。来ました、大群。ヘルプです』

『サイトウだ。こっちもSUMIFSが出だした、タカハシいけるか？』

「はい、むかいます！」

　1階に駆けつけると、　シートは関数に埋め尽くされていた。REGEXREPLACE、VLOOKUP、それから見たことのないニワトリ型の関数がどのセルにもいて走り回っている。

「あのニワトリ、なんですか？」

「ああ初見でしたか。あれはIFERRORです。まさか構文わかんないとか言いませんよね」

　IFERRORはこういった貼り付けデータの処理では頻出だ。貼り付けるデータの行数が不定なのでデータがない行でもエラーを出さないように仕込まれる。

```
=IFERROR(VLOOKUP(      ),"")
```

　といったように書くことで、エラーではなく空白を返すことができる。おれたちworkerにとっては、エラーが出ないのはありがたいことではある。一方で不必要に関数がたくさん出現するということでもある。つまりむちゃくちゃ大変ってことだ。

「とにかくがんばりましょう」

　おれとイノウエはタモ網と高枝切りバサミをそれぞれ持ち、関数を処理しはじめた。

　もう1時間は経っただろうか。ようやく終わりが見えてきたその時、ひしめいていた関数が急に消えてしまった。

「え？　どういうことですか」

「ユーザーさん、消しちゃったみたいですね……」

　関数を実行したセルはほのかに光っているものだが、これまで処理したセルの光も消えてしまった。そして、あまり間を置かずに、ほとんど顔ぶれの変わらない関数が復活した。仕事なので当然処理をやり直さなければならない。しかし終わりが見えた頃にまた関数たちは消える。

　これが4度ほど繰り返された。途中で上の階が落ち着いたらしくサイトウも合流し、黙々と関数を処理し続けた。出てくる関数が毎回少しずつ変わるが、まったく変わらないこともある。徒労もいいとこだが、ユーザーさんを責める気にもなれない。裏でおれたちみたいな人間が動いているなんてわかるはずもないからだ。それにユーザーさんの行動は理解できる。おれもシートを構築するときは何度も試行錯誤してやり直す。数式を展開したらエラーや想定と異なる数値を返している行に気づいたら修正しなくてはならない。それにただ動けばいいってものでもない。可能な限りシンプルで理解しやすい数式にすること。これは他人のためではない。時間が経ってから再度メンテナンスをしなくてはならない自分のためだ。たいていの職場にはExcel職

人は1人しかいないのだ。このシートのユーザーは最終的にIFERRORをやめて次のような記述にした。

```
=IF(ISBLANK(参照する行の値), "", {数式})
```

意図はわかる。IFERRORは使い勝手はいいのだが、エラーがあればなんであれ切り捨てる乱暴な関数でもある。本来ならば本筋の数式を修正しなくてはならないようなエラーに気づけなくなってしまう可能性もある。

このユーザーの数式は、理解のしやすさという点ではよくできている。ISBLANKは見ての通り値が空白かどうかを判定する関数だ。数式で参照する値が空白であれば、数式を実行せずに処理する。そういう構造が極めて理解しやすい。

そのこだわる姿勢は評価するが、おれならIFERRORで済ませるだろう。IFERRORのほうが数式全体がシンプルにおさまるし、そこまで読みやすさを追求しなくてはならないほど全体の数式も複雑というわけではない。なによりも本筋の数式をIFのFALSEの値で実行するというのがどうにも気持ち悪い。処理する値の形式が決まっているのなら、ISTEXTやISNUMBERを使って次のように書くだろう。

```
=IF(ISTEXT(参照する行の値), {数式}, "")
```

決してユーザーを否定するつもりはない。ただおれならこう書くというだけだ。それぞれの手慣れたやり方でやること自体にも価値がある。こだわりをもって仕事をしているExcel職人を、おれは尊敬する。だから身体中がぼろぼろになってもおれは関数を処理し続ける。それにユーザーだって、自分のこだわりがworkerの過酷な労働を生んでいるなど知るよしもないのだから。

「わたし、もう限界です……」

　途中で消えることもなく関数を処理しきったあと、イノウエがへたりこんで言った。

「ああおつかれさん、ふたりとも休憩行ってくれ。しばらくおれがやっとくわ」
「え、いいんですか？」
「ああ、おれは慣れてるから大丈夫だ」
「じゃあすいません。いったん休ませていただきます」

　そのとき、カバンからブザー音が鳴った。

「お、別の階に出たようだな。まぁあとは集計行のはずだから多くはないだろ。おめえらはおれにまかせて休め」

　サイトウ、なんていい上司なんだ。生きていた頃の職場では、なにかと言って仕事を押し付けて帰っていく上司ばかりだった。転生してよかった。おれとイノウエは車に戻った。イノウエはひどく疲れているらしく後部座席に寝転がった。おれが寝場所を探そうとしていると、トランシーバーからサイトウの声がした。

『あー、すまんがどっちか1人でいいから戻ってきてくれ』

　サイトウに呼ばれて3階に行った。集計シートのはずなのでSUMIFやSUMIFSのはずだ、ヘマをしなければ1人で黙々と処理できるのだがどうしたのだろうか。部屋に入るとREGEX関数の森だった。

「おう、すまんな。こっちもデータ貼り付けシートだったようだ」

　しまった、読み違えていた。このシートは複数のデータソースを処理しているようだ。なぜおれは勝手な思い込みをしてしまっていたのだろうか。このファイルが処理するデータは1つではない。さっきのシートはGoogle広告のデータだった。こっちはなんだYahooか？　それともGoogle Analyticsのデータか？

「おい！　さっさと手伝え！」

　サイトウはトゲの処理をせずに、ざくざくREGEX関数を処理している。

「ちょっと待ってください。確かめたいことが……」

　おれはREGEX関数の森をかき分けて埋め込まれているデータを見る。YahooでもGoogle Analyticsでもない。なにかのDSPのようだ。まずい。

「サイトウさん、やばいです。ここだけじゃ済まないかもしれません」

　ブザーが鳴る。やはり上にもデータがあったらしい。

「タカハシ、こいつはやべえぞ」

　REGEX関数たちがざわつきはじめた。

「え？　これ、どうなるんですか」

エラーも出ていないのに、REGEXREPLACEが刺毛をくねらせながら迫っ
てきている。

「タカハシィ！！！　逃げるぞぉぉお！！！」

　サイトウがおれの腕をつかんで駆け出す。なにかに足を取られてつまづ
く。VLOOKUPが脚をつかんでいる。

「ブイルックアップ！　起きろ！　止まるな！！」

　サイトウがVLOOKUPを処理しておれを立たせる。

「痛っ！！」

　脚をREGEXREPLACEに刺された。

「耐えろ！　死にてえのか！！」

　サイトウがおれの肩を担いで言ったが。サイトウの肩にもベッタリと血が
ついている。

「サイトウさんも刺されてるんじゃ」

「黙って走れ！！！」

　関数たちがすぐ後ろに迫っていた。

| File 08 |　**妖怪変化**

　目が覚めたら白いタイル張りの部屋にいた。

　ベッドに寝かされて、腕には点滴、脚には包帯が巻いてある。

　すべておれの妄想だったのだろうか。おれは仕事帰りに事故にでもあって、病院で長い夢を見ていたのか。そうだ、そうに決まっている。Googleスプレッドシートが Excel 職人の魂で動いているだなんてそんな馬鹿なことあるわけがない。

「いやー、大変でしたね」

　そういう希望的観測を、ガチャリとドアを開けて入ってきたイノウエが打ち砕いた。

「ほんとビックリしましたよ。クルマで寝てたら血まみれの二人が帰ってきて。タカハシさんはたぶんあの時点でもうほぼ気絶してましたね。すぐ倒れてました」

　そうだったのか。脚を刺されたぐらいからもうなにもおぼえていない。

「ご迷惑おかけしました。サイトウさんは大丈夫なんですか？」

「え？　気になっちゃいますか？　サイトウさんのこと」

「いや、普通気になるでしょ。病院にそういう趣味を持ち込まないでください」

「チッ……、まぁいいか。サイトウさんはタカハシさんよりも重症だったみたいなので、まだ寝てるんじゃないでしょうか。でも無事ですよ。workerにはよくあることだし、サイトウさんは怪我には慣れてます」

「起きたらお礼にいかないと。サイトウさんに助けられなかったらやばかった。あの人なんであんなに強いんでしょうね」

「わたし、あの人が建設会社っていうのは嘘で、本当はヤクザの総務だったんじゃないかと疑っているんです。Excelで殺しのリストを管理、なんて」

　なるほど、やけに納得の行く冗談だ。実際そうかもと思って口をひらきかけたとき、ガチャリとドアノブが回る音がした。

「おう、起きてたか」

「ひゃあ！　わたし、なにも言ってませんよ！！」

　突然のサイトウの入室にイノウエがびくっと背筋を伸ばす。さすがのサイトウも大怪我は免れなかったようで、体中包帯まみれで美人の看護師に肩を支えられてやってきた。正直ちょっとうらやましい。サイトウを椅子に座らせた看護師がペコリとおれに会釈する。よく見たらクレアだ。マネージャーの仕事はクエストの管理から詰め所の食堂のウェイターまで手広いなと思っていたが、看護師まで含んでいるとは驚きだ。でもクレアみたいな美人が看護師なら入院生活も悪くないかもしれない。

「タカハシ、調子はどうだ？」

「おかげさまでなんとか生きてます。ありがとうございました。クエストはどうなったんですか？」

「ああ、ユーザーさんには力不足で申し訳ねえな。あのファイルは壊れちまった。ユーザーさんにはブラウザがクラッシュしたように見えてるよ。おれたちが関数を処理しきれなくなったとき、そうなるんだ」

「……そうだったんですね、心苦しいです」

「仕方ねえ、物事には限界ってもんがある。Excelさんと比べるとおれたちの処理能力はどうにも足らねえってことが多いんだ。workerの数も十分とは言えねえしな。ARRAYFORMULAを使ってくれりゃあ、おれたちとしては処理する相手が少なくて楽なんだが」

「あれいふぉーみゅら？　なんですかそれは」

　なんだ？　また聞いたことない関数だ。

「ARRAYFORMULAってのはな配列数式を扱うための関数だ。たとえばこういう書き方をする」

　サイトウはおもむろにおれのギブスにマジックで数式を書きはじめた。やめてくれ中学校の部活の同級生じゃないんだ。そもそも読めねえよ。

「あの、サイトウさん」

「いま書いてるからちょっと待て、動くなよ」

「いや、そこに書かれても読めないのですが……」

　サイトウはしばらく考え込んでいた。

「すまん、ちょっと疲れていたようだ。イノウエ、代わりに教えてやれ」
「はい、わかりました。例を書いていったほうがいいですね」

　そう言ってイノウエは病室のタイルの壁をシートに見立て、行列の番号を
書いて説明しはじめた。

```
行\列|  A  |  B  |
 1  |  1  |     |
 2  |  2  |     |
 3  |  3  |     |
 4  |  4  |     |
 5  |  5  |     |
```

「こういうテーブルがあるとして、B1セルにこういう数式を書きます」

「結果はこう。B1:B5にはそれぞれ隣のA列の数値に+1した数値が入ります」

```
=ARRAYFORMULA(A1:A5+1)
```

行\列	A	B
1	1	2
2	2	3
3	3	4
4	4	5
5	5	6

「え？　A1に書いた数式でB5まで結果が展開されるんですか？」

「不思議ですか？」

「いやだって、数式の結果が返るのは関数の書かれているセルですよね？　当たり前じゃないですか」

「そんなものは誰かが勝手に作ったシステム上の制約ですよ。もちろん展開先のセルが埋まっていたらエラーになっちゃうけど、そうじゃなかったらだめな理由なんてないです」

　驚いた、いやビビった。関数が書いてあるセル以外に返り値を返せるなんて、理解ができない。常識が崩壊した。関数というか、Excelにおける数式はセル内に結果を返すものとだけ思っていた。しかしそんなものはExcelの制約であって、表計算自体にそういう制約がある必要はなかった。実際Googleはそれを実現している。おれはExcelの常識に囚われすぎていた。

「ちなみに、さっきの例は足し算でしたが、関数も当然使えます」

```
=ARRAYFORMULA(LOWER(A1:A3)
```

行\列	A	B
1	INOUE	inoue
2	SAITOU	saitou
3	TAKAHASHI	takahashi

「便利ですね。VLOOKUPやSUMIFSのような関数でも使えるんですか？」

「それがそうでもないんです。VLOOKUPは使えるんですが、SUMIFSは使えません。関数の構文にもともと範囲が入ってると難しいんです。この表で、A、B列をそれぞれの行で足し算するSUMをこう書いたとするじゃないですか」

```
=ARRAYFORMULA(SUM(A1:A5,B1:B5))
```

行\列	A	B
1	1	2
2	2	3
3	3	4
4	4	5
5	5	6

「ユーザーさんとしてはこういう結果を期待していると思うのですが」

行\列	A	B	C
1	1	2	3
2	2	3	5
3	3	4	7

```
4 |  4  |  5  |   9  |
5 |  5  |  6  |  11  |
```

「実際にはC1にA1からB5までを全部足した、えーっと……、35が入るだけ
でC2からC5セルにはなにも起きないんです」

```
行\列|  A  |  B  |   C  |
1 |  1  |  2  |  35  |
2 |  2  |  3  |      |
3 |  3  |  4  |      |
4 |  4  |  5  |      |
5 |  5  |  6  |      |
```

「ん？　なんでですか？」

「中のSUM(A1:A5,B1:B5)だけで、A1:A5、B1:B5のすべての数字を足す、と
いう意味になっちゃいますよね。もともとのSUMの対象の範囲なのか、
ARRAYFORMULAでそれぞれを処理したい範囲なのか解釈できないんで
す。ちなみに範囲が入ってると必ずうまく使えないというわけではないで
す。VLOOKUPなんかは狙い通りに動きます。SUMIFSはできそうでできな
くて、SUMIFはなぜか使えます。他にもうまく動かない関数があるので、なか
なかクセのある関数ですね」

　なるほど、なかなか難しいがこれから出会うことになるだろう。聞けてよ
かった。
　ちなみに壁はホワイトボードにはなっていなかったようで、点滴を取り換
えにやってきたクレアが絶句していた。そのため入院している1週間、おれは

この表や数式が書かれた壁のタイルを眺めて過ごすことになった。

─────────

　まるで百鬼夜行だな。

　それがクエストについたときの感想だった。中央にある木はおそらく
FINDなのだが、ぐねぐねと枝を振って暴れている。根は地面には埋まって
おらずむき出し、代わりに幹から生えた野太い脚で歩いている。その影から
人型のなにかが現れる。はじめはSUMIFSかと思ったが、バキバキの胴体の
頭部には1輪の花が咲いている。あれはLENだろう。LEFTは後ろ姿は普通の
犬に見えたが、振り返ったそいつの顔は外国人のおっさんだった、どこかで
見たことがあるような顔だが、たぶんGoogleの創業者だと思う。人面犬とい
うやつなのだろうが、実物を目にするとかなりきつい。犬の身体に人の顔が
ついている事自体も見るに耐えないのだが、その表情から人間性がうかがえ
ず、舌をたらしてよだれを垂れ流している様子がなによりも見ていられな
い。VLOOKUPはもとからホラーだったが手の甲に大きな目がギョロついて
いて、なによりもう手のひらとは言えないデカさで油断したら足を掴まれる
どころか体全体を握りつぶされそうだ。それらがセルに留まることなく徒党
を組んで練り歩いている。

「あれがARRAYFORMULAだ。びびったか？」

「どちらかというと、ひいてます」

「見た目でわかると思うが、あいつら襲ってくるから気をつけろ」

「はい。だから今日は重装備なんですね」

おれとサイトウは暴動を鎮圧する機動隊が持っているような盾を手にしている。ちなみにイノウエは今日は休暇だ。おれより重症だったはずのサイトウがすでに完全に回復しているのは不思議でならない。このおっさんの体力はどこからやってくるのだろうか。

「ARRAYFORMULA自体はなんのことはない火の玉みたいなやつだ。熱くもねえしな。ただやっかいなのは、そいつらが他の関数に取り憑くことだ」

　クエストに向かう道中、サイトウがそう言っていた意味がわかった。こいつらの見た目はまさに妖怪だ。もっともVLOOKUPだけは元からオカルトなのだが……。

「手順はわかってるな」

「やつらは一発では処理できないってやつですよね。ARRAYFORMULA本体が出てくるまで打ち込んで、本体が出たら戻る前に処理。これでいいんですよね」

「そうだ。他の奴らに邪魔されないように、うまく1体ずつ引き剥がして処理しなきゃいけねえ」

「わかりました。どいつからやりますか？」

「弱そうなやつからいくぞ」

「どれも強そうですが……」

「そうだな、LFETからやろう。今、目が合った」

　絶対に目を合わせたくない顔だ。サイトウは慣れているのだろうか。

「いくぞ。タカハシは邪魔が入らねえようにサポートしろ」

　そう言ってサイトウが駆け出す。

「おい！　クソ犬！！」

　LEFTを挑発しながらARRAYFORMULAに取り憑かれた関数の中に割って入る。サイトウは盾でVLOOKUPとLENを押さえながら、LEFTの胴体にバットを叩きつける。

「ぐふっ！」

　妙に人間らしく痛そうな悲鳴をあげてLEFTが5メートルほど吹っ飛ぶ。サイトウはそれを追い、おれは残りの関数に警棒を振り回して威嚇する。

「レフトレフトレフトレフトレフト！！！！」

　サイトウがLEFTの首をつかんで何度もその名を唱える。ぐったりと動かなくなった胴体から火の玉が浮き出てくる。サイトウはすかさずそれに手をかざし唱える。

「アレイフォーミュラ」

火の玉と人面犬はセルに沈み込み、辺り一帯のセルが薄く光った。処理に成功したようだ。残るのはFIND、LEN、そしてVLOOKUPの3体。VLOOKUPがおれの盾を剥がそうと指をかけている。警棒でその指を叩くと、VLOOKUPは苦痛で目を細め、指を引っ込めた。よかった。痛覚があるようだ。隙をぬってLENが殴りかかってきたが、サイトウがその腕をつかみ、そのまま背負い投げをきめる。腕をつかんだままLENの名を何度も唱える。LENの胸からARRAYFORMULAが浮き出てきて、サイトウはそれを追いかけて処理した。残るは2体。サイトウが盾とバットを拾いながら言う。

「あとは1体ずつしとめるぞ。おれがFINDをやる。おめえはVLOOKUPをやれ」

「あまり勝てる自信がないのですが」

「VLOOKUP派だろ、ビビらず処理しろ」

　サイトウに任され、おれはVLOOKUPと対峙した。改めて観察してみたが、こいつ攻撃手段あるのだろうか？　見た目は怖いが、さっきから盾を引っ掻いたり、どけようとしたりしてくるだけで目立った攻撃を仕掛けてくる様子はない。落ち着いて考えると5本の指はほぼ脚みたいなものだから、5本すべてを地面から離すようなこともできないはずだ。意外といける気がしてきた。とりあえずちょっと殴ってみるか、と思ったその時。手のひらをべたりと地面にVLOOKUPが広げ、2回ほど前後にリズムを刻み、そしてそこから一気にげんこつを作りながらおれの方に巨大な手で殴りかかってきた。

「ちょっ、やめっ！」

　驚いたおれは特に意味のない言葉というか悲鳴のようなことをつぶやきながら、懸命にそのパンチをかわそうと身をよじる。反応が早かったのか、それともそのパンチがそこまでのスピードではなかったのか。なんとか盾をVLOOKUPとの間に挟んで横に避けることができた。華麗とは言いがたく、べたりと尻もちをつく格好になってしまったのだが。

　VLOOKUPは容赦なかった。器用に親指で身体を回し、げんこつの姿勢を保ったままおれの方に向き直る。そこから人差し指、薬指、小指を地面につけ、中指を内側に丸め込み、親指でググッと押さえる。やばい、デコピンだ。

　ゴンッ

　鈍い音をたてておれの盾が吹き飛ばされた。

「おいおいおいおいおいおい、マジで勘弁してくれよ」

　VLOOKUPは後ずさるおれを追いかけ、覆いかぶさり、おれの身体を握り込む。

「うそっ！　やめてくれ！！」

　握りつぶされるかと思ったが、動けない程度の力でとどまっている。やつの手の甲の目が見下ろすような角度でこちらをニヤニヤと見ている。

「くっ、ふざけんなよ！！！」

　とっさに手に持ったままの警棒でVLOOKUPの目を思いっきり突いた。

ズドン

　VLOOKUPは手を開いて仰向けに倒れた。小刻みに痙攣している。今しかない。

「ハァ…、ハァ…、ぶ、ブイルックアップ、ブイルックアップ、ブイルックアップ、ブイルックアップ、ブイルックアップ、ブイルックアップ」

　おれは警棒をVLOOKUPの手首に押し当てて唱えた。火の玉の形のARRAY FORMULAがふわりとVLOOKUPから浮き出てくる。

「アレイフォーミュラ」

　そいつとVLOOKUPはセルに吸い込まれて消え、セルは薄ぼんやりと黄色く光った。

「やった……」

「おつかれさん。やりゃあできるじゃねえか」

　難なくFINDを仕留めたサイトウがおれに労いの言葉をかける。

「死ぬかと思いましたよ、マジで」

「いいじゃねえか、無事なんだから。ともかくこんなかんじでARRAY FORMULAを処理していくわけだ。やっかいな相手ではあるが、関数を数千行も敷き詰められるよりは、おれたちにとっちゃあ楽なわけよ」

　サイトウのいうことはもっともなのだが、およそただのおっさんとは思えない驚異的な戦闘スキルが前提になっている。やはり建設会社というのは言葉のあやで、ヤクザの鉄砲玉兼総務のExcel職人だったんじゃないか。

「つかぬことを伺いますが、サイトウさんの運動神経はworkerになる前からなんですか？　それとも特別な訓練をしているんですか？」

「いんや、別にたいして運動するような人生は送ってこなかったし、これといって努力もしてねえよ。まあこの仕事もなげえからな、慣れってやつだよ」

　やはり聞いてはいけない事情があるのだろう。これ以上サイトウの過去を質問するのはやめようと誓った。詰め所に戻ったらジムのような設備があるか聞いて通うようにしよう。そう思っていたのだが、サイトウが無慈悲にこう告げた。

「このクエストは序の口だ。もう1件いくぞ」

　これで序の口だったのか。少し生きて帰れる自信をなくした。

| File 09 | 鵺

　クエストの扉を開けると、なんとも説明のしにくい生物がいた。顔はイヌ、胴体はなんだか首をさかいにくっきり毛並みが違って丸っこい。足は黄色い毛皮で迫力のある爪をしている。尻尾があるべき場所からはヘビが生えている。

「あいつは鵺だ」

「NUE？　聞いたことない関数ですね」

「いや、妖怪の鵺だ。知らねえのか？」

「ああ、そういうことですか。鵺ってなんか鳥みたいな声で鳴く妖怪じゃなかったでしたっけ」

「詳しいなおめえ、おれは洋画にでないモンスターはよく知らねえ。ただなんとなくああいう雰囲気だと思ってたよ」

　そう言われるとたしかに鵺っぽい姿だ。聞いたことのある姿とは若干の違いがあるように思うけど、まぁ鵺ってそういうとらえどころのない感じだったと思うので正しいのかもしれない。

「それであれは何の関数なんですか？」

「あれもARRAYFORMULAだ。ARRAYFORMULAが取り憑いて複数の関数が合体してるな」

「そんなことあるんですか」

「たまにあるぞ。あの鵺はちょくちょくパーツが違うことはあるが、ARRAYFORMULAがあるシートではよく見かけるな。みたところ内訳はこうだな」

　　頭＝イヌ：LEFT(文字列，文字数) 文字列の左側を抽出する
　　尾＝ヘビ：INDIRECT(セル参照の文字列) 文字列からセル参照を作成
　　　　　　　する
　　足＝トラ：COUNTA(値1，[値2，...]) 範囲の値の個数を数える
　　胴＝タヌキ：ROW(セル参照)　セルの行番号を返す

「あんなわけのわからないやつ、よくわかりますね」

「ああ、LEFTはたまたまなんだがな、INDIRECT、COUNTA、ROWの組み合わせはARRAYFORMULAの中でよく見るんだよ。ROWはないときも多くて、特にINDIRECTとCOUNTAだな」

　そう言ってサイトウは壁に説明を書き始めたが、のんきにしゃべっているうちに鵺がすぐそこに迫っていた。

「あのー、サイトウさん」

「ちょっと書いてるから待ってろ」

　サイトウは壁の数式に集中しきっており、近づく鵺に気づいていないよう

だ。おれは壁を背に身構え始める。

「その、数式を書いてる場合じゃなくて……」

　鵺がサイトウの背中に爪を振り下ろそうとする。

「あぶなっ」

「よっしゃ書けた！」

　振り返って満足げに数式を見せるサイトウ。
　空を切る鵺の爪。
　肉球で汚く伸ばされ読めなくなるホワイトボードの数式。
　おれ、サイトウ、鵺、全員が沈黙した。鵺が一瞬気まずそうな顔をした。

「……タカハシ、やるぞ」

　おれは無言で頷いた。なぜか鵺も少し頷いた。合意が形成されて鵺は後ろに飛び下がって距離を置く。

「あれを処理するのはちょっと厄介だ。身体の各所で唱える関数がバラバラだし、それぞれが一発では済まない」

「はい、わかってます」

「タカハシ、おめえは後ろに回れ。尻尾のヘビ、INDIRECTは嚙まれなきゃ危ないことはねえ。おれは正面で他のやつを相手にする」

　相対的に見ればかなり楽な状況だ。どう考えても一番やばいのはCOUNTA
の爪、それからLEFTの牙だ。少なくともROWの胴体には何の危険もない。
しかし錯覚するのはよくない。相対的に楽だからといってヘビはヘビだ。そ
れもどっしりとした太さがあり、毒があるかないかはわからないが、噛まれ
ればただでは済まないだろう。

　おれはゆっくりと鵺の後ろに回り込む。むこうもこちらの戦力はわかって
いるらしい。尻尾のINDIRECTだけがおれに関心を向け、ほかはサイトウを
威嚇している。おれとサイトウが鵺を挟む格好で身構えた時、戦いの火蓋が
切って落とされた。

「うおおおおおお！！」

「ぐるるるるるぅ！！」

「えっ！？　あれ？」

　鵺がサイトウに飛びかかり、サイトウは躱しつつさすまたで牽制する。お
れが対峙していたINDIRECTは主体性なく身体につられておれから離れて
いった。心なしかINDIRECTも「あれ？」って表情をしていた。合体しても
別段協調性はないようだ。

　飛びかかり噛み付いてくる鵺をなんなく躱し、首を後ろからさすまたで押
さえ込み、サイトウはその名を唱える。

「レフトレフトレフト！」

「クゥンッ！　グゥアウ！」

鵺の頭、LEFTは抵抗しさすまたをはねのける。サイトウの身体能力は異常だが、さすまたは本来、多人数で1人を抑え込むための道具だったと聞いたことがある。攻撃の道具ではない。おれもさすまたを構えているが、まるで戦力になっていない。もっともおれと対峙しているINDIRECTも振り回されてぐったりしているので戦力にはなっていない。合成魔獣というのも案外楽ではないようだ。

「ボケっとすんな！　さっさと終わらすぞ！　後ろからも暴れないよう押さえ込め！！」

「は、はい！　できるだけがんばります！！」

　サイトウが怒鳴りながら鵺の首から片足をさすまたでえぐる。鵺はひっくりがえり、手足をばたつかせ抵抗を試みる。おれも補助役としてさすまたで鵺の下半身を押さえにかかる。

「レフトレフトレフトレフトレフト！！！」

　動きを封じた関数にサイトウが名前を叩き込む。LEFTは舌を出してぐったりし、ARRAYFORMULAの火の玉がふわりと出てくる。

「アレイフォーミュラ」

　すかさずサイトウが処理する。
　ARRAYFORMULAがセルに沈み込むと同時に、起き上がった鵺の頭からイヌの要素が消えた。これで1つ楽になるかと思ったのだが、残念ながらその頭

は残るCOUNTAのトラに変化した。

　頭と足はトラ、胴体はタヌキ、尻尾はヘビ、という中途半端なクリーチャーになった鵺。頭がイヌだった頃より明らかに危険だ。凶暴なトラ、というだけでこれまでworkerとして出くわした関数のなかでも圧倒的にヤバイ。しかもおまけに蛇までついている。

「グルルルル……」

　鵺が喉をうならせながら、サイトウにじりじり近づく。

「これ、さっきよりやばくないですか？」

「この程度なら問題ねえよ。だがさっさと説明に戻りたいからな、アレを使うか」

　そういってサイトウはカバンからゆっくりと何か細長いものを取り出す。その手に握られていたのは木の枝だった。鵺が大きくトラの顔をしかめる。おいおい大丈夫なのか。

「ほれっ」

　サイトウは木の枝を放り投げた。
　鵺が姿勢を低くし、木の枝のにおいをクンクンとかぐ。そのままうずくまったかと思うと、リラックスした表情になりおとなしくくつろぎ始めた。

「これがマタタビの威力よ。ネコ科はちょろいな」

サイトウが誇らしげにおれにそう言い、さすまたを地面に置いた。無防備に鵺に近づいていきトラの頭をなではじめた。

「よーしよし、カウントエーカウントエー」

　鵺もリラックスしきっており、ごろにゃーんとでも言わんばかりにサイトウにハラを見せて寝転がりはじめた。尻尾のヘビだけが少し所在なげにきょろきょろと首を振っている。サイトウはトラの喉をなでながら処理を続ける。

「カウントエーカウントエー。あ、タカハシ、おめえもやっか？　気持ちええぞ」

　こいつなにを言ってるんだと思う一方で、目の前で起きていることが異常すぎて感覚が狂ってきた。

「え、じゃあちょっといいですか」

　おれはおそるおそる近づいて、トラの喉に触れる。や、やわらかい。凶暴な動物だからけも髪の毛みたいな硬さをしているものだと思っていたが、むしろふぁさりとやわらかい。癖になる感覚だ。

「これがモフモフってやつですか」

「もふもふ？　いい表現じゃねえか。ああ、これがモフモフだよ」

　そのとき、急に首筋に冷たいなにかが触れる。耳元でシャーという声。振り返ると蛇の頭がすぐ横にあった。血の気が一気に引く。まずい、完全に油

断していた。ヘビが首に巻き付いてくる。なんとか腕を挟み込んだが、ぎゅうぎゅうと締め上げてくる。やばい。腕が折れる。

「さ、サイトウさん、た、たすけて……」

「あ、わりわり。うっかりしてたわ。ちょっと待ってろ」

　よっこらしょと言ってサイトウは立ち上がる。そしておもむろにおれに巻き付いているヘビの首を両手でつかみ、無言で締めはじめた。
　ヘビはサイトウの手首にかみつこうと首をひねりながら口を動かすが、首根っこをつかんだサイトウには届かない。しばらくすると抵抗が消え、ぐったりと体を弛緩させた。おれの首を絞めようとする力も弱まったので、おれはINDIRECTを処理する。

「インダイレクトインダイレクトインダイレクトインダイレクトインダイレクトインダイレクトインダイレクト」

　ぐったりと開いたヘビの口から火の玉が浮き出る。

「アレイフォーミュラ」

　サイトウはすぐにそれを処理した。

「あ、ありがとうございました。死ぬかと思いました」

「すまねえな、ちょっと遊びすぎたわ。こいつも処理しとくか。カウントエーカウントエーカウントエーカウントエーカウントエーカウントエーカウン

トエー。またな」

　トラの口からも火の玉が浮き出る。

「アレイフォーミュラ」

　トラとヘビの要素が抜けて、ただのタヌキがそこに残った。
　サイトウがそのままROWも処理してしまおうと手を伸ばしたが、タヌキの姿をしたROWはすばやく走り去っておれたちから距離をとった。しかし所詮タヌキだ。トラやヘビ、なんならイヌよりもかわいいもんだろう。

「あとは楽勝ですね」

「いんや、そうでもねえぞ」

　距離を取ったタヌキがおもむろ後ろ足だけで立ち上がる。え？　と戸惑っていると、タヌキは胸の前で前足を合わせる。大きく息を吸う動作をしたのち、なんと大きな炎を吐いた。

「うそっ」

「避けろ！！」

　おれとサイトウはそれぞれ左右に飛びのく。あやうく黒焦げになるところだったが間一髪でまぬがれた。立ち上がった俺たちの前にいたのは。袈裟を着てあぐらをかきうつむいているタヌキだった。
　すくりと立ち上がったROWはさきほどいたタヌキと同じ個体とは思えな

かった。体格はほとんど人間に近く、スリムで背も高くなっている。顔つき
は思慮深さと凶暴さがおりまざっていて恐怖を感じる。
　そいつがすっと右手を伸ばすと、何もない空間から錫杖があらわれた。
ROWはつかんだ錫杖を前に構えた。

「言ったろ？　ARRAYFORMULAは取り憑いた関数を妖怪化するんだ」

「ROWはタヌキだからそいつと相性がいいってことですか？」

「そんなところだ。いくぞ！」

　サイトウとおれはさすまたを構えてROWににじり寄る。

「うおおおおっ！！！！」

　サイトウが叫びながら突撃。さすまたでROWの胸を突くが、ROWは表情も
変えずにしゃがみこんで回避。そのままサイトウに足払いをかける。カウン
ターをくらったサイトウが転び、ROWはそのまま錫杖を振り下ろす。

　ガシャン。カラカラ。

　サイトウは振り下ろされた錫杖を倒れたまま頭上で蹴り飛ばした。錫杖は
ROWの手を離れて転がっていったが、飛びのいて距離を取ったROWが手をか
ざすと、ふわりと浮いて手元に戻っていった。サイトウも起き上がって再び
さすまたを構える。
　やばい。この戦いにおれが入っていけるイメージが全くない。ARRAYFORMULA
で強化されたROWは、あの異常な身体能力のおっさん、サイトウと互角にや

りあっている。

　さらにROWは錫杖を持っていない左手を袈裟の懐に入れ、両端にナイフが
ついた密教の法具のようなものを取り出す。法具を頭上に構えると、そのま
ま手を放す。法具はひとりでに浮き、ゆっくりと回転をはじめた。一瞬、ROW
がおれの方に目をやってニヤリと口元を緩めると、左手を前に振り下ろす。

　高速に回転する法具がサイトウの足元めがけて飛んでいく。サイトウは難
なくそれを飛んでかわすが、ROWは織り込み済みといわんばかりの表情でそ
の左手をおれの方に振る。

「痛っ！」

　おれはなんとか体をひねったが、法具がかすった左肩からは血が出てい
た。法具はそのまま勢いを止めずに飛んで行ったが、弧を描いておれの方に
戻ってくる。まずい。躱しきれない。

　カランカラン。

　思わず瞑ってしまった目を開けると、法具はおれの手前で床に落ちていた。

「よそ見してんじゃねえよ」

　サイトウはROWがおれのほうに意識を向けた一瞬の隙をつき、低い姿勢か
らさすまたで足をはらった。姿勢を崩したROWを床に張り倒しそのまま後ろ
手に固めてつぶやく。

「ロウロウロウロウロウロウロウロウ」

ROWの口から火の玉が浮き出て、サイトウはそれを処理する。

「アレイフォーミュラ」

ROWが沈み、辺り一面のセルがうすぼんやりと光った。おれたちはようやく鵺を処理し終えた。

「よし、これで心おきなく解説できるな」

意気揚々とサイトウは壁に関数を書きながら説明しはじめた。

```
=ARRAYFORMULA(LEFT(A2:A20, 5))
```

「さっきの関数の組み合わせだがな、ユーザーさんがそもそもやりたいことはこんな感じだろう。A列の値にLEFT関数を適用して何文字でも構わないんだが5文字を切り出す。この式で困るケースがあるとしたらなんだ？」

「処理したい値が20行以上続いたときですよね」

```
=ARRAYFORMULA(LEFT(A2:A, 5))
```

「僕ならこういう感じで書きます。IFERRORとかつけてもいいのですが、LEFTなら空白でエラーってこともないので気にしなくていいですね」

「そうだな。まあARRAYFORMULAを使ううえで、範囲の動的指定とどう向き合うかは重要だ。このユーザーさんは処理対象の行を正確に指定したかったんだろう。そのうえで処理したい行数の変化に対応するためこう書く」

```
=ARRAYFORMULA(LEFT(INDIRECT("A2:A"&COUNTA(A:A)), 5))
```

「なるほど。COUNTAで処理したい値の数を数えて、INDIRECTでそれを文字列からセル範囲に変換し、ARRAYFORMULAの処理範囲として指定する」

「そういうこった。最後にROWだ」

```
=ARRAYFORMULA(LEFT(INDIRECT("A"&ROW(A2)&":A"&COUNTA
(A:A)),5))
```

「INDIRECTの弱点は、行追加などの変更に対応しにくいことだ。見出し行を2行に増やされたりするとズレが発生する。そこでROWで処理対象の開始行を捕捉しておくわけよ」

「なるほど。それであの鵺みたいな組み合わせがよくあるんですね。でもこれ、単にLEFT関数で文字を切り取るだけでも結構複雑になっちゃいますね」

「そうだな。実はもっといい方法がある。ARRAY_CONSTRAIN関数を使うんだ」

```
=ARRAY_CONSTRAIN(入力範囲, 行数, 列数)
```

「その名のとおりだが、こいつは入力範囲を、引数の行数・列数で縮める関数だ。行数をCOUNTA関数で動的にいれてやりゃあ、INDIRECTやROWを使う必要はないわけよ」

```
=ARRAYFORMULA(LEFT(ARRAY_CONSTRAIN(A2:A,COUNTA(A2
:A),1),5))
=ARRAY_CONSTRAIN(ARRAYFORMULA(LEFT(A2:A,5)),COUNTA(
A2:A),1)
```

「ARRAYFORMULAとARRAY_CONSTRAIN、どっちを先に書いてもいい。どっちにしろROWやINDIRECTを使うよりだいぶユーザーさんにとっちゃあ楽になるな」

「ユーザーさんにとっては？　ぼくたちにとってはどうなんです？」

「ユーザーさんが楽するために苦労すんのがおれたちの仕事だろうが。とにかく今日の仕事はおわりだ」

———————

　サイトウとおれは仕事終わりに詰め所でビールを飲んでいた。

「どうだ？　おめえもworkerとしてちょっとはさまになってきたんじゃねえか？」

「んー、そうでしょうか。今日もまともに処理できたのはARRAYFORMULAが取り憑いたVLOOKUPぐらいですし、あれも正直かなり危なかったです」

「まあいいじゃねえか、　おめえのworker歴ならわるくはねえよ。ARRAYFORMULAも処理できたし、Googleスプレッドシートの独自関数も

それなりにわかってきたじゃねえか」

「そうですね。たしかにExcelにない関数のことも少しはわかってきました。でも今日は、それ以上にExcel関数にも自分が使ってこなかった関数がたくさんあるってことを痛感しました。ROW、INDIRECTみたいな自分ではほとんど使ってこなかった関数をうまく使っているユーザーさんがいるのを見てしまって、正直ちょっと自信をなくしています。会社でExcel職人なんて言われてきて自分でもまあまあ知識は多い方だと思っていたのですが、いまじゃ自分でExcel職人なんて言うのはおこがましいような気がしてしまって……」

「なんだ、ナイーブなやろうだな。そんなこたあworkerがみんな通る道なんだよ。そもそもExcelなんてのは、たいていカネとか客の情報とか外には見せられねえ情報が詰まってるからな。他人が作ったExcelなんてなかなか見る機会がないわけよ。本やネットに出てくる情報だって、ほとんどは断片的なハウツーで現場のモノそのままじゃねえわけだろ？」

　たしかにそうだ。広告主とのやりとりでExcelを使ったりはするが、あくまででき上がったレポートであって関数は消して値張り^{注2}していた。

「そうやって外のことを知らねえところからworkerになる。それでいろんな現場をふむとおまえさんと同じことを思うわけよ。おれは全然だめだ、ってな」

「サイトウさんもそうだったんですか」

「もう忘れちまったがそうだろうな。まあおれのことはいいんだ。大事なこ

とはおめえさんがworkerとしていまここにいるってことだ。Googleだってバカじゃねえんだ。資格だけ持ってて実務の浅いやつや、誰かが作ったシートの更新しかしてこなかったような半端もんはここには連れてこねえ。タカハシ、おまえさんはGoogleにExcel職人として認められたからここにいるんだよ。そのことを忘れんな」

　おれは自分の人生が認められたような気がして少し目頭が熱くなった。どうにも気恥ずかしくなったのでおれは手元のビールの残りを一気にあおって言った。

「わかりました。今後も頑張りますんで、なにとぞよろしくお願いします」

例外処理の
ココがポイント！

おつかれさまです。タカハシです。今回はファイル全体の構築の際にも
登場していた例外処理について解説したいと思います。
　解説する関数は地味なものばかりですが、知っているとExcel職人とし
ての腕に磨きがかかります。

IFERRORによる例外処理

　たとえばぼくらworkerの詰め所のお酒の請求書を例にしましょう。

　単価を商品マスタからVLOOKUPで記入していると、図4.1のように空白のセ
ルがあるとエラーとなってしまい、結果として合計金額もエラーになってしま
います。これでは困るので例外処理が必要になります。

[図 4.1 請求書の空行処理1]

`=VLOOKUP([ 商品 ], $F:$G, 2, 0)`

	A	B	C	D	E	F	G
1	商品	単価	数量	金額		商品マスタ	単価
2	ビール	¥600	8	¥4,800		ビール	¥600
3	ハイボール	¥500	6	¥3,000		ハイボール	¥500
4	ワイン	¥700	2	¥1,400		ワイン	¥700
5	カクテル	¥600	3	¥1,800		カクテル	¥600
6		#N/A		#N/A			
7		#N/A		#N/A			
8		#N/A		#N/A			
9		小計（税抜）		#N/A			

　図4.2のようにIFERRORでエラーを0に変換してやることで空行を適切に処理
し、合計金額を表示できるようになります。

IFERRORは構文もシンプルで、例外処理の定番関数と言っていいでしょう。

[図 4.2 請求書の空行処理2]

=IFERROR(VLOOKUP([商品], \$F:\$G, 2, 0),　　0　　)
　　　　　　　　値　　　　　　　　　　エラー値

	A	B	C	D	E	F	G
1	商品	単価	数量	金額		商品マスタ	単価
2	ビール	¥600	8	¥4,800		ビール	¥600
3	ハイボール	¥500	6	¥3,000		ハイボール	¥500
4	ワイン	¥700	2	¥1,400		ワイン	¥700
5	カクテル	¥600	3	¥1,800		カクテル	¥600
6		¥0		¥0			
7		¥0		¥0			
8		¥0		¥0			
9		合計		¥11,000			

　ただし、IFERROR関数での処理は少々乱暴でもあります。エラーは邪魔に感じることも多いのですが、間違いを教えてくれる有用なものなのです。

　IFERRORで一括して0円扱いすると、図4.3のように商品名にマスタにないものが記入されてしまったときにも0円と処理してしまいます。
　こういった場合は、エラーを正しく認識して記入項目に間違いがないのかなどの見直しを行いたいものです。

[図 4.3 請求書の空行処理3]

	A	B	C	D	E	F	G
1	商品	単価	数量	金額		商品マスタ	単価
2	ビール	¥600	8	¥4,800		ビール	¥600
3	ハイボール	¥500	6	¥3,000		ハイボール	¥500
4	赤ワイン	¥0	2	¥0		ワイン	¥700
5	カクテル	¥600	3	¥1,800		カクテル	¥600
6		¥0		¥0			
7		¥0		¥0			
8		¥0		¥0			
9		合計		¥9,600			

図4.4では空白かどうかを判定するISBLANK関数を用いて、空白行の場合を0にしています。

　こうすることで空白行を無視し、マスタにない商品が入力された場合にはエラーに気づけます。

[図 4.4 請求書の空行処理4]

=IF(ISBLANK([商品]),　　0　 , VLOOKUP([商品], \$F:\$G, 2, 0))
　　空白かどうか　　　　　　TRUE　　　　　　　　　FALSE

	A	B	C	D	E	F	G
1	商品	単価	数量	金額		商品マスタ	単価
2	ビール	¥600	8	¥4,800		ビール	¥600
3	ハイボール	¥500	6	¥3,000		ハイボール	¥500
4	赤ワイン	#N/A	2	#N/A		ワイン	¥700
5	カクテル	¥600	3	¥1,800		カクテル	¥600
6		¥0		¥0			
7		¥0		¥0			
8		¥0		¥0			
9		合計		#N/A			

　例外処理はExcel職人の必須スキル！　適切に処理してエラーの少ないシートを作りましょう。エラーが少ないほうがぼくらworkerにとっても仕事が楽になりますしね。

| File 10 | **死にますよ？**

「今日は皆さんに、ちょっと殺し合いをしてもらいます[注1]」

　サイトウが珍しく日本映画からセリフをもってきた。しかし下手くそなビートたけしのモノマネに、おれとイノウエはどう反応していいかわからず沈黙が流れた。

「チッ、ノリわりいなあ。おめえら世代じゃねえのか。もういいよ。えーっと今日はSQLを学んでもらう」

「え？　データベースのアレですか？」

　SQLは言葉としては知っているものの、具体的なことはなにも知らない。

「そうだ。おれたちのチームは、これからしばらくエンジニアが作っているスプレッドシートの現場を担当することになった。QUERY関数が処理できねえとあのへんじゃあお話になんねえからな」

　まじかよ。エンジニアってひたすら黒い画面でプログラミングしてるものだと思っていたが、ExcelとかGoogleスプレッドシート使うのか？　いったい何に使っているのか想像がつかない。これまでの広告業界はなんだかんだで土地勘があった。慣れない関数があっても、シート全体としてなにを意図

して数式が組まれているのかはわかる。まだまだworkerとしての仕事に慣れないおれがなんとかやっているのはそのおかげといってもいい。不安になってきた。それにQUERY関数ってなんなんだ。

「あの、質問いいですか」

　イノウエが手をあげて発言する。

「わたし、SQLならわかるので特に学ぶ必要はないと思うのですが」

「あたりめえだろ。おめえもともとSE（システムエンジニア）じゃねえか。学ぶのがタカハシで、教えるのがおめえだよ」

　イノウエ、SEだったのか。言われてみると、たしかに正規表現とかにも詳しかったのにも納得がいく。

「えー、サイトウさんが教えたらいいじゃないですかー」

「すまんな、おれは今日は休暇なんだ。見なくちゃなんねえ映画が溜まってんだよ。そういうわけなんで、1日でQUERY関数処理できるように仕込んどけよ。そんじゃあとは任せた。おつかれさん」

　そう言ってサイトウは出ていった。ため息をつきながらイノウエが教壇に立ち、退屈そうにホワイトボードに書く。

```
Structured Query Language
```

「Structured Query Language、構造化……問い合わせ？　言語？　ですか？　なるほど、SQLですね」

「はい、ダメです。SQLはデータベースの操作、定義のための言語ですが、国際標準としてのSQLは何かの略語ではないとされているので、『略語ではない』が正解なんですよね。正直わたしも最初Structured Query Languageの略だって習ったし、よくそう言われているのですが、Wikipediaにはそう書いてありました」

　読ませておいてなんだっていうんだ。イノウエがメガネをクイとやりながら得意げに言うが、まったくもってどうでもいい話だ。略語でいいじゃねえか。だいたいWikipediaに書いてたってほんとに信用していいのか？

「トリビアは置いておいて、ともかくわたしたちworkerとしてはQUERY関数が処理できればよいので、データベースからデータを取り出すための言語だと思っておいたらいいです」

「ってことは今日1日で新しい言語を学ぶってことですか？　それはさすがに無茶なんじゃ……」

「安心してください。実際ほぼ英語なんで、中学生の英語ができたらあとは雰囲気で大丈夫です。たとえばこういうworkerのデータベースがあるとします」

名前	性別	年齢
タカハシ	男	27
サイトウ	男	43
イノウエ	女	17

　イノウエが書いている途中サイトウの年齢43だったのかと思ったが、そのあと17という数字をみて信ぴょう性が失われた。

「一応補足しておくと、性別は生まれ持った身体的な性のことであり、性的嗜好を定義するものではないとします。タカハシさんもサイトウさんも男性と書かれているからといって、ふたりが恋愛をしてもよいということですね」

　ポリティカルコレクトネスに配慮するふりをして自分のBL趣味を語るのをやめろ。とにかくなにもつっこもうという気が起きない。イノウエはこちらをチラチラ見ながら説明を続ける。

「たとえばここから30歳以下のworkerを抽出するときはこのように書きます」

```
select * where 年齢 <= 30
```

名前	性別	年齢
タカハシ	男	27
イノウエ	女	17

「whereっていうのが抽出の条件なんですね。*はなんですか？」

「selectのあとは表示したい列の指定です。*は全部の列を指定するときの書き方です。なのでたとえば名前と年齢だけ出したい場合はこう」

```
select 名前, 年齢 where 年齢 <= 30
    名前        年齢
---------- -----
タカハシ      27
イノウエ      17
```

「ちなみにデータの並び順を指定したい場合は、order byを使います」

```
select 名前, 年齢 where 年齢 <= 30 order by 年齢
    名前        年齢
---------- -----
イノウエ      17
タカハシ      27
```

「こうやって年齢で並び替えるように指定すると、**17歳のわたし**が先に表示されるわけです」

「なるほど、17歳かどうかはともかくわかりました」

　イノウエがつっこみをうけてニヤニヤしている。言わなきゃよかった。

「あと重要どころでいえば、group byで集計をするときですね。たとえば性別ごとの人数を出したいときはこういう感じです」

```
select 性別, count(名前) group by 性別
  性別    count(名前)
 -----  ------------
   女        1
   男        2
```

「女がわたし1人で、男がサイトウさんとタカハシさんの2人なのでこうなるんですね。ちなみにこの性別は……ってもういっか」

「countはスプレッドシートの関数みたいなやつですね」

「そうなんです。ちなみにcount(性別)でもcount(年齢)でもこの場合は数えるだけなんでここでは特に結果に影響はありません。count以外にも関数だとこんな感じ」

```
select 性別, count(名前), avg(年齢) group by 性別
  性別    count(名前)          avg(年齢)
 -----  ------------       -----------
   女        1                 17
   男        2                 35
```

「雰囲気でわかると思いますがaverage、平均ですね。だいたいこのぐらいがQUERY関数でよく使われる範囲ですね。ほぼ英語だし、Excelに慣れていると関数も自然じゃないですか?」

「そうですね、思ったより簡単なんで今日1日でSQLを理解できそうな気がしてきました」

イノウエの眉がピクリとうごく。

「タカハシさん、念のため言っておきますが、いま説明したのはQUERY関
数で使われているGoogle Visualization API のクエリ言語です。MySQLや
PostgreSQL、Oracleなどのよく使われるデータベースに比べれば簡略化さ
れたごく一部の限定的な機能しかないんです。口のきき方に気を付けて下さ
い。タカハシさんだって学校の授業で習っただけの高校生が『Excel完全に理
解した』とか言ってたらむかつくでしょ？」

　自称17歳の設定はどこに行ったのかと思ったが、それは正論だ。おれは素
直に謝罪して、授業は続けられた。その後もGoogle Visualization APIの構文
について解説を受け、その後はひたすらイノウエが出す問題を解かされた。
丸一日の座学は正直きつかったが、pivotやoffset、formatなどそこまで使わ
れなさそうなものも含めてだいたい理解することができた。

「そうそう、最後にQUERY関数自体について解説しておきます。構文と具
体例はこんな感じです」

```
=QUERY(データ, クエリ, [見出し])
=QUERY(A1:C4, "select B, count(A), avg(C)
      group by B", 1)
```

「データはクエリで参照したいセル範囲です。ここはそんなに問題ないので
すが、注意したいのはA:Cみたいな形で列全体を指定したときですね。気づ
きにくいのですが画面内にある空白行全部もデータベースとして認識されて
しまいます」

「そんなに困らなそうな気がしますけど、何か注意することはありますか？」

```
    名前        性別    年齢
    ----------  -----  -----
    タカハシ      男      27
    サイトウ      男      43
    イノウエ      女      17
```

「このデータがシートのA1:C4にあって、5行目以降は空白行が続いていると します。そこで名前順に並び替えをすると」

```
select * order by 名前
    名前        性別    年齢
    ----------  -----  -----

(長い空白)

    イノウエ      女      17
    サイトウ      男      43
    タカハシ      男      27
```

「という感じで、名前よりも空白行が先に並んでしまうんです。もしA:Cみ たいな形で範囲を指定するときは、whereを使って空白行を除外しておくの がポイントです」

```
select * where 名前 <> '' order by 名前
```

「なるほど、よくわかりました。ちなみに上の例だと名前や性別じゃなくてA、Bみたいな列のアルファベットが書いてありますが、これはカラム名でもアルファベットでもどっちでもいいんですか？」

「すいません、名前って書いていたのは説明のためで、実際には列名を書いてやる必要があります」

「なるほど。名前付き範囲とかも書けないですよね」

「クエリ内は文字列扱いなので名前付き範囲は無理ですね。この点は仕方ないのです」

「ちょっと微妙ですね。列が追加や削除でずれたときもダメだし、個人的には使いにくい気がします」

「あ！　実は列ずれは大丈夫なんですよ」

「範囲指定と一緒で数式内の列も勝手にずれてくれるんですか？」

「いえ、ちょっと不思議なんですが、列がずれてもわたしたちがすでに処理した結果は維持されるんです。書いたクエリ自体は変化がないです。同じクエリを新しく別のセルに書いたらうまく動いてくれません」

　不思議だ。そんなことあるのか。しかし動いたとしてもちょっと気持ち悪さは残る。イノウエは残っている見出しオプションについて説明を始めた。

「最後の[見出し]のことはたぶんそんなに疑問はないとは思うのですが、デ

ータの上から何行が見出しになっているかですね。普通は1行で、指定しなかったり-1と書くと自動で判定します。経験でいえば見出しは1行がほとんどで、指定されていないことが多いですね。だいたい説明は以上です。わかりました？」

「はい。大丈夫です。でも正直に言うと結構微妙な関数だと思いました。名前付き範囲も使えなくて可読性も悪いし、クエリもおぼえないといけないし。SUMIFSとかで1セルずつ埋めるか、ピボットテーブル使った方がよくないですか？」

　賛同を得られるかと思っていたが、イノウエが少し険しい顔をした。

「タカハシさん、使いやすさっていうのは人によって違うんですよ。タカハシさんはわたしたちのユーザーさんがみんな自分と同じような人だと思っていませんか？　もともとExcelユーザーで、資格とったり勉強して、それから会社の業務で使ってる。そんな人ばっかりだって決めつけていませんか？」

「へ？」

「もちろんそういう人は多いですよ。でも、そういう人ばっかりじゃないんです。わたしたちのことはGoogleアカウントさえあれば誰でも使えるから、いろんな人がいろんな使い方をしているんです。家計簿つけるのに使っている人もいるし、自分の見た映画の記録に使っている人だっている。Excelから移ってきた人だけじゃないし、パソコンにExcelが入ってない人だってたくさんいるんです」

「たしかにそうかもしれませんけど……」

「もっと具体的に言うと、SUMIFSもピボットテーブルも触ったこともないけど、QUERY関数はバリバリ使いこなす人がいることを想像できますか？
　サイトウさんが、わたしたちのチームはこれからエンジニアのスプレッドシートを担当するって言ってましたけど、そういう人って多いですよ。だってQUERY関数はSQLさえ書けば、いろんなことが一つの関数でできちゃうから。タカハシさんと違って、SQLはもともと知ってるんです。名前付き範囲は知らなくても、SQLは知ってるんです」

　ぐうの音もでない。その通りだ。おれは完全に論破された。
　イノウエは研修室を去り際に言った。

「もっとユーザーさんのことを理解してください。じゃないと死にますよ？」

　その気まずい言葉で講義は終わった。

———————

　クエストの現場に着くとそいつはいた。丸い金属の胴体についたたくさんの赤い目。後方からは金属のアームが何本も生えて、車ほどの重さがありそうな体を支えている。おれたちに気づいたそいつはその10の目をこちらに向ける。おれは「死にますよ？」が文字通りの意味でしかないことを悟った。

「あんなのどうやって処理するんですか」

「心を解き放て」

「え？」

「心を解き放て」

　たぶん映画のネタだろうがなんだったか思い出せない。

「すいません、何の映画ですか」

「マトリックスだよ」

　なるほど。思い出した。そう言われてみればあのQUERY関数、マトリックスで船を壊しに来るやつだ[注2]。待てよ？　マトリックスってことはもしかして……。

「それって、おれたちの肉体は物理法則にとらわれないってことですか？」

　それならサイトウのあの異常な身体能力にも納得がいく。なぜもっと早く気が付かなかったんだ。

「は？　なに言ってやがる。映画とは違うんだよ。せっかくおめえが初めてQUERYを見たんだ。今言わないでいつ言うんだ」

　期待したおれがバカだった。サイトウはチェーンソーにエンジンをかけた。

「いくぞ。やつの足を全部切り落とせ」

　おれとイノウエもそれぞれチェーンソーのエンジンをかけた。QUERYが呼

応するようにズダズダズダとこちらにむけて動きはじめた。

　ギャギャギャギャギャギャギャギャギャギャギャギャギャギャギ
ャギャギャギャギャギャギャギャギャギャギャギャギャギャギャギャギャギ
ャギャギャギャ。どすり

　サイトウがまず一本、QUERYの足を切り落とした。QUERYに痛みはなさ
そうだが、危険を感じたのかサイトウから距離をとる。

「イノウエ、そっちに行くぞ」

「はいっ！」

　ドタドタとイノウエにむかって向きを変え、一本の足を大きく後ろに反ら
せる。一瞬の間を置いた後、その足でイノウエをすばやく突く。

　ギャギャギャギャギャ……ギッ

　イノウエはQUERYの攻撃をチェーンソーで受け止め、その足に切れ込みを
入れた。QUERYは足を引っ込めたが、ちぎれかけて不安定になった足は不要
と判断したのか、残りの足の2本で力任せにその足を引きちぎって乱暴に投
げ捨てた。

「うらぁあああああああ！！！」

　ギリギリギリギリギリギリギギギギギギ。プスプスプスプスプス

　サイトウがQUERYの足の付け根に潜り込み、その足が生えている根元にチェーンソーを先端から突き刺す。一気に複数の足が機能を失い、ぐったりと横たわる。

　ズドンッ

　支えていた足を失ったQUERYがバランスを崩して転がる。

「タカハシ！　イノウエ！　残りも切り落とせ！！」
「はいっ！」「わかりました！」

　おれとイノウエはまだ動きのあるQUERYの足をチェーンソーで切り落とす。恐ろしかったQUERYは、ごろりと逆さに転がる鉄の塊と化した。

「おめえら、よくやったな。いい動きだった」

　サイトウはおれたちをねぎらってからQUERYに手をあてた。

「とどめだ。クエリー」

　巨大なQUERY関数と切り離された足の残骸がセルに沈み込み、辺り一面のセルが薄ぼんやりと輝いた。

「今のは楽勝だったな」

「そうですね。QUERYがいるクエストに来たのは久々でしたけど、うまく処理できてよかったです。エラーも出ていなかったし、肩慣らしにちょうど

でしたね」

　サイトウとイノウエの会話に戦慄した。
　エラーといえばこの世界ではおそろしい要素だ。処理はできないし、通常
は無害な関数が凶暴化して襲いかかってきたりする。エラーでなくとも
QUERYはおれたちに襲いかかってきてたのだから、あれがさらに凶暴化する
ということだろう。大丈夫なのか？

「ああ、そうだな。そうだタカハシもおぼえとけ。エラーのやつ、結構多い
から見たらとりあえず逃げろ」

「どうやって見分けるんですか？」

「そうだな、攻撃してくる。見たらわかる」

「え？　さっきのやつも攻撃してきてたんじゃ……？　それに無力化しない
と、通常の関数の処理の邪魔になりませんか？」

　エラーの関数は処理できない。しかし放置すると、正常な関数を処理する
邪魔になってしまう。だから無力化しておくのがセオリーだ。少なくとも
REGEX関数の際はそうした。

「これはあくまで経験則なんだが、ユーザーさんがエラーのQUERY関数が
長く放置することは少ねえ。なあ、イノウエ」

「はい、そうですね。そもそもQUERY関数はひとつで多くの情報を出力で
きる関数です。1000行に関数コピペしてエラーは放置、みたいな使われ方は

あんまりないんです。それにエンジニアは例外を放置するのが嫌いなタイプの人が多いですからね」

　なるほど、そういうことか。

「エラーが出るとしても正解にたどり着くまでの試行錯誤の過程なので、ほとんどの場合はしばらくやり過ごせば消えてくれます。ただ、正しく関数が書かれるまではエラーが繰り返されるケースも多いんです。QUERYで使えるGoogle Visualization API のクエリ言語はよく使われるSQLに比べて機能は制限されているので、使えない書き方をしてしまうケースは多いんです」

「それが土地勘ってやつですね」

　イノウエは元SEなのでユーザーがどのように関数を使ってくるか、そのクセが見えている。そのクセはおれには見えていない。

「おい、次がきやがったたぞ、このユーザーさんまだ試行錯誤中だな」

　エラーでなくとも試行錯誤はなされる。関数を組み合わせで使う場合は一部を書いて、結果を確認してから次を書く、ということがよくある。
　さっき処理したセルの光が一度消え、ズゥウン、と大きな音とともにQUERY関数が出現した。しかも1セルから2体。

「結合だな」

「え？　なんですかそれ」

「おい、イノウエ教えてねえのか」

「あ……、うっかりしてました」

　1体のQUERYがすべての足を地面に降ろし、やや上向きに構える。

「エラーだ。避けろ！！！」

　サイトウが叫ぶ。QUERYの胴体から赤い光線が床に発射され、光線は角度を変えながらおれの足元に向かってくる。光線の触れた空気の発するジリリという音、ほのかな熱でやばさがわかる。アレに触れたら死ぬ。ゆっくりと向かってきていたが、角度がついてくると一気に近づく速度が増す。

「タカハシ！！！　かわせ！！！」

　サイトウの警告。おれは慌てて身体をひねる。

　ジッ。カラン、カラカラ

　チェーンソーの刃の先端が焼き切れ、落ちた。これは本格的にやばい。2体のQUERYがドスドスとこちらにむかって走り出す。

「散れぇえええええ！！！！」

　おれとイノウエは全力で後ろに駆け出す。壊れたチェーンソーは捨てた。

　ドッドッドッドッドッドッドッドッドッドッドッドッドッドッドッドッドッ

1体はおれの方を真っ直ぐに追ってくる。

ダン！　ダン！　ダン！　ダン！　ダン！

強く踏みしめる音で足音が止まる。ふり返ると先程のビームをだす体勢に入っている。おれは慌てて向きを変え、ビームの弾道から離れるように走り続ける。避けられるか！？

振り返るとQUERYに飛び乗る影。サイトウだ。飛び乗ると同時にQUERYの胴体にチェーンソーを突き刺す。重要な回路をやられたのか、QUERYはガクガクとその場で無軌道に震え動いている。サイトウの後ろには別の1体がついてきており、ビームを撃つ体勢に入る。

サイトウは躊躇なくチェーンソーを刺したまま手放し、カバンに手を突っ込み、取り出したなにかをビームを撃つQUERYにむかって放り投げる。

ヴォオオオオオン！！

QUERYの目の前で爆発が起きた。2体のQUERYはサイトウに破壊されてガクガクと体を揺らす鉄の塊となった。エラーで処理できない個体なので、おれたちは放置して元の場所に集まった。

「サイトウさん、さっきの手榴弾ですよね、そんな危ないもの持ってたんですか？」

「お、おめえもいるか？　ほれ」

サイトウはカバンを開いてみかんを配るような気軽さで手榴弾をとるよう

にうながす。

「いえ、遠慮しておきます」

　ちょっと悩んだが今日のところは断った。たしかにピンチを乗り切れるか
もしれないが、いかんせん怖すぎる。今日の車中にそれがあったのかと思う
とゾッとする。もしかするとこれまでもずっと持っていたのだろうか。危険
手当が必要だ。

「あのー」

　イノウエが割って入る。

「お、持っとくか？　手榴弾」

「あ、じゃあひとつだけ。いや、そうじゃなくて結合について話しておいた
ほうが良いと思いまして」

「ああ、そうだったな。頼むわ」

　イノウエが受け取った手榴弾をカバンにしまって解説を始めた。

「さっきQUERYが1つのセルから2体現れたのは、データ範囲2つが結合され
ていたからです」

　=QUERY({データ範囲1；データ範囲2}，クエリ)

「このように書きます。データ範囲をセミコロン（;）で区切れば、3つ以上でも結合できます。もちろん同じカラムが同じ順番に並んでいないと意味ないですけどね」

「カラム名も完全に揃えないといけないんですか？」

「いえ、実は結合を使う場合は見出しを読むことはできないんです。なので [見出し] オプションをつけようがつけまいが見出しを認識せずにぜんぶデータ行として取り扱っているんです」

　たしかに見出しの表記が揺れたときに困りそうだ。

「ちなみにクエリの書き方にも気をつける必要があります。クエリで列をアルファベット記載するのはおぼえてますよね。結合の場合は左からCol1、Col2、と記載する必要があるんです」

A:名前	B:性別	C:年齢
タカハシ	男	27
サイトウ	男	43

「たとえばこういうデータを使うとしても、結合する別のデータはこうなってるかもしれませんよね」

D:名前	E:性別	F:年齢
イノウエ	女	17

「なるほど。たしかにこれじゃアルファベットでは指定できないですね」

　説明が終わったとき、動けなくなっていたQUERY2体が消えた。そして同じセルから新たな2体が現れた。おれたちは少し身構えて様子を見た。ビームを撃ってくる気配はない。

「よし、エラーじゃなさそうだな。右の1体はおれがやる。左はおめえら2人でやれ。タカハシ、おれのチェーンソー使っていいぞ」

「え、サイトウさんの武器は……」

「どうにかなるだろ」

　気遣ってはみたものの、たしかにサイトウなら武器なしでも処理できるだろう。おれはチェーンソーを受け取ってエンジンをかけた。

「タカハシさんは無理しなくていいですよ、最低限ケガしないように」

　イノウエの言葉におれは少しムッとした。たしかに今日は活躍どころはないが、そんな言い方はないんじゃないか。QUERYの足の一本がこちらを探るように揺れる。さっきまで意識していなかったが、ひとつひとつの先端はヘビの口のように動く爪がついている。
　先端を開きながらヘビが噛み付くようにおれの方にむかってきた。オーケ

ー。大丈夫。おれは落ち着いてチェーンソーを正面にかまえ、むかってくるQUERYの足に押し当てる。

ガガガガガガガガガガガガッ

　先端から割れた足が使い物にならなくなって垂れ下がる。ダメ押しでさらに根元にチェーンソーを差し込んで切り落とす。まずは一本。

「大丈夫ですか、わたし1人でもいけるんで下がっててもいいんですよ」

　イノウエがQUERYの攻撃を躱しながら言った。なんなんだこいつ、なめやがって。おれのほうに振り下ろされたQUERYの足を躱し、その足を切り落とした。順調だ。いけるぞ。

「足の1本や2本切ったところで調子に乗らないでくださいね。危ないですよ」

「大丈夫です。こいつそこまで動きも速くないので。イノウエさんこそお疲れなら下がっててもいいんですよ」

　おれはQUERYに正面からにじり寄る。近づいてきたおれに注意を向け、QUERYは残った足をすべておれに向ける。爪をカチカチとならし、どこからおれを刻むか考えている。

「うわぁぁあああああああああ！！！」

　チェーンソーを十字に振って威嚇する。しかし重い。こんな使い方をする武器じゃないはずだ。

ギャギャッ

　近づいた爪を切り落とした。

　カチカチ

　視界の端に金属が見える。振り向くと爪がおれの頭を挟み潰そうとしている。やばい、死ぬ。

「クエリー」

　QUERY関数の動きがとまり、ゆっくりと形を失って沈み込んでいく。
消えていくQUERYの影からイノウエが出てきて言った。

「いやあ、うまくいったうまくいった」

　こいつ、おれのこと煽ってオトリにしやがった。

「さて、どうしようかな」

　サイトウは考えていた。手榴弾は残っている。これで一発で片付けてもいいんだが、今日はあと何体出現するかわからない。在庫を残しておきたい。時間を稼いでイノウエとタカハシの合流を待つという手もあるが、さてどうするか。
　サイトウはどちらも選択しなかった。どちらも張り合いがないからだ。サイトウはカバンから折りたたみ式のサバイバルナイフを取り出して刃を出し、QUERYに向かって駆けていった。

　正面から突っ込んできたQUERYの足をくるりとよけて左にかわす。左手からさらに足が振り下ろされるが、躱した足をくぐって盾にして防ぐ。盾になった足はだらりと垂れ下がって機能停止した。右手から複数の足が爪で切りかかってくるのをサバイバルナイフで捌き、一瞬の隙をついて壊れた足を再度くぐって逃げる。ナイフを振りながらQUERYの胴体の左手まで抜け出る。

　ちらりともう一体の様子をみるとタカハシが真正面から対峙している。あいつはバカだ。QUERYの足は多いが、それぞれの足の可動範囲は限られている。あんなところにいなければ取り囲まれたりはしない。なんのために2人でやらせているのかと思ったが、イノウエが後ろに忍び寄っているのでそういう作戦なのだろう。

　サイトウはQUERYの胴体のすぐ左まで抜け出た。ここまでくれば関数の視界からもほぼ外れている。QUERYは正面に向き直ろうとするが遅い。サイトウの接近を盾のように阻もうとする足を、脇で抱え一気に引っ張る。

「ぅおらっ！！」

　ブチブチブチッ、という音をたてて根元から足が抜ける。

「クエリー」

　邪魔がなくなった胴体に近づき、サイトウはQUERY関数を処理した。

「おつかれさまでした」

　イノウエとタカハシが処理を終えて戻ってくる。結合QUERYは処理しきったようだ。あたり一面のセルが薄く輝いている。しばらく待ったがそれ以上関数は出現せず、この日のクエストは終わった。

| File 11 | **喋る関数**

「今日の現場はフィルタのやつらが出てくるはずだ。イノウエ、着くまでに
タカハシに構文仕込んどけ」

「わかりました」

　後部座席のイノウエが後ろから持ち運びのホワイトボードを取り出す。

「まずは基本のFILTER。返す結果は少しQUERYと似ているかもしれません」

```
=FILTER(範囲, 条件1, [条件2, ...])
```

「使い方は名前の通りでシンプルだし、直感的です」

```
   A:名前        B:性別      C:年齢
---------     --------    --------

 タカハシ        男        27
 サイトウ        男        43
 イノウエ        女        17
```

「たとえばここから30才以下の人を抽出するとします」

```
=FILTER(A2:C4, C2:C4<=30)
    名前      性別     年齢
  ----------  ------  -----
    タカハシ    男       27
    イノウエ    女       17
```

注：本来、見出し行は結果に含まれませんが、解説の便宜上付記しています。

「条件の部分はTRUE/FALSEのどちらかを返す式を書きます。さらに女性だけに絞るときはこう」

```
=FILTER(A2:C4, C2:C4<=30, B2:B4="女")
    名前      性別     年齢
  ----------  ------  -----
    イノウエ    女       17
```

「なるほど。条件を追加して書き連ねるのはSUMIFSやCOUNTIFSと似てますね」

「そうですね。でもこっちのほうが直感的じゃないですか？」

　たしかにそうだ。SUMIFSやCOUNTIFSの場合、条件はイコールが前提となっている。たとえば、先の表で男性の数をCOUNTIFSで数えるならこうだ。

```
=COUNTIFS(B2:B4,"男")
```

　これは問題ないが、30才以下を指定しようとするとちょっとわかりにくい。

```
=COUNTIFS(C2:C4,"<=30")
```

　数式をダブルクォーテーションで囲むことに違和感がある。さらに何歳以下が何人いるか、という表を作る場合は、30という数字をどこかのセルから参照することになり、こういった形で書くことになる。

```
=COUNTIFS(C2:C4,"<="&D3)
```

　感覚的な話ではあるが、どうも読みにくい。その点、FILTERの条件の書き方は読みやすいように思える。
　イノウエは解説を続ける。

「ちなみにフィルタして抽出する範囲の中に条件の範囲が含まれる必要はありません、並んで行さえ揃っていればよいのです。なので30才以下の名前だけを返したい場合はこう書きます」

```
=FILTER(A2:A4,C2:C4<=30)
  名前
----------
  タカハシ
  イノウエ
```

「余談ですが、こうすればCOUNTIFSの代わりにもなります」

```
=COUNTA(FILTER(A2:A4,C2:C4<=30))
```

「ちなみにSUMやAVERAGEには対応して条件付き集計をするSUMIFS、

AVERAGEIFSがありますが、このやり方なら対応する○○IFS関数がない
ものでも条件付き集計ができます」

```
=MEDIAN(FILTER)
=COUNTUNIQUE(FILTER)
```

「中央値を求めるMEDIANや、　重複を排除してカウントする
COUNTUNIQUE[注3]なんかはかゆいところに手が届くので、見かけることも
多いですね」

「なるほど、便利ですね」

「はい。FILTERはExcelにはなかった関数[注4]で、かなり便利に使えますね。
以上が解説です」

「ありがとうございました」

　運転席からサイトウが振り返って言った。

「おい。UNIQUEも忘れんなよ、続けろ」

　あっちゃー、というような顔をしてイノウエがホワイトボードの文字を消
す。どうもイノウエはおっちょこちょいなきらいがあるようだ。イノウエは
ホワイトボードに構文を書いていく。

```
=UNIQUE(範囲)
```

「もしかして範囲の行を重複する値を排除して表示してくれる関数ですか？」

「まったくそのとおりです」

「Excelだと固有な値や名前のリストを出すためだけに関数じゃないフィルタの機能を使ったりしていましたけど、これだと元のデータが更新されたときもそのまま使えますね」

　これは非常に便利だ。Excelだとユニークな値を取り出す独自の作法が蔓延していた。おれはフィルタ機能で重複を排除する派だったが、ある人はユニークにしたい値をピボットテーブルで行に突っ込んでコピペしていた。この関数があるなら間違いなくこれを使うのが正解だろう。

「これ以上説明は不要そうですね。FILTERとセットで出てくることも多いので注意してください」

「説明は済んだようだな。着いたぞ」

　クエストのシートに到着し、サイトウは車を止めた。
　部屋に入ると、なにか違和感があった。いつものクエストとなにかが違う。なんだかいつものシートが窮屈に感じる。
　数秒考えて気づく。このシート、方眼紙だ。

　通常、Googleスプレッドシートのセルは縦21ピクセル、横100ピクセルの長方形になっている。Excelでもそうだが、表計算のセルというのは横長が基本だ。セルにはちょっとした文章を入れるときもなくはないが、基本的にはデータを書き込む。数字や人の名前などいろいろあるが、セルの大きさとい

うのは簡潔なデータなら収まりがいい程度の縦横比になっている。

　方眼紙というのはこれとはまったく思想が異なる。特に役所などでよく利用されていると言われているが、セルを全て正方形にし、1マスに1文字を入力する用途で用いられるものだ。

　この方眼紙はExcel職人のあいだではひどく評判が悪い。それは無理のないことだ。Excel職人の仕事は関数を駆使してデータを料理することだ。その大切なデータも、方眼紙の上に乗せられれば意味を持たなくなってしまう。タカハシ、という4文字はおれというworkerを表すデータだが、タ/カ/ハ/シの4文字のカタカナにそれぞれ意味はない。もっともこの方眼紙を専門に扱う職人もいるらしいのだが、おれは仕事柄出会ったことがない。

「おかしい」

　サイトウがつぶやき、あたりを見渡す。

「やけに静かだ。こんなところにフィルタ関数が出るとは思えねえな……。どうなってやがるんだ」

　おれも辺りを見渡す。いつもより狭いシートの中には関数の1匹もみあたらない。

「なにもおきませんね」

　そうおれがつぶやいたとき、辺りの景色が変わった。
　辺り一帯のセルになにかの画像が出たようだが、大きすぎて全体像がつかめない。

「え？　IMAGE関数？　誰も処理していませんよね。一体なにが」

　バタリ。なにかが倒れる物音がした。振り返るとイノウエが倒れていた。おれとサイトウが駆け寄る。

「エ…、エビ……」

「大丈夫ですか。えび？　朝食べた海老にアレルギーでも？」

「いやだ、もういや。エビ、エビデン…ス……」

　イノウエは気を失った。なにが起こっているっていうんだ。

「おい、帰るぞ。イノウエを担げ。ここにおれたちの仕事はねえ」

　おれとサイトウはイノウエの肩を担いでシートを出た。去り際に見た例の画像はなにかパソコンの画面のようだった。

「ちっ、クレアの野郎、しくじりやがったな」

「なんなんですか、今のクエストは」

「ありゃあ、エビデンスに使う方眼紙だ」

「はい？」

　エビデンス？　証拠？　なんのことだ。

「なにから説明していいかわかんねーが、おめえ、システム開発については詳しいか？」

「いえ、まったく。SEというとなんだかブラックな印象しかないですね」

「そうだな。エビデンスってのは、そのブラックの一因とも呼ばれているやつだ。イノウエが倒れたのもきっと昔のトラウマのせいだろう。あいつがここに来る前は受託開発のSEをやっていたらしいからな。おれの職場もいいもんじゃなかったとは思ってたが、あいつは休日返上で一週間家に戻れないなんてこともざらにあるような職場だったらしい。しかもやってる仕事がエビデンス作りじゃ救われねえよな」

　イノウエは後部座席で寝ている。特に頭を打ったりなどの外傷はないようだ。

「それでエビデンスってなんなんですか」

「簡単に言えばSEが、作ったシステムの画面のキャプチャをExcel方眼紙に貼っていくことだ。あらゆる動作の結果のキャプチャを貼ったExcelを客に送る。システムが仕様書通りに動いていることをキャプチャで示すエビデンスになるわけよ」

　システム開発ってそんなめんどくさいのか？　想像もつかないぞ。

「画像はるならWordとかPowerPointのほうがいいんじゃないでしょうか。それに方眼紙にする必要がどこにあるっていうんですか」

「おいおいおい、おれに聞くなよ。おれだって他のworkerから聞きかじった程度だが、みんなまともに答えようとしねえんだよ。一つだけ言えるこたあ、こんな現場で関数なんかでやしねえってこった。今日の仕事は終わりだ。帰るぞ」

そう言ってサイトウは車のエンジンをかけた。詰め所に帰ってイノウエを医務室に預けた。まだ早かったが、おれとサイトウはビールを飲んで予測を外したクレアに文句を垂れ続けた。

————————

翌日、イノウエは精神的ダメージから復帰できず、おれとサイトウの2人でクエストにやってきた。

シートに入ると異様なものが目に入る。銀色のガイコツに浮かぶ赤い目、完全な人型ながらも内部の骨格機関むき出しのメタリックボディ。こいつがFILTERらしい。明らかに危険そうな見た目をしているが、最近はQUERYやARRAYFORMULAとやりあったので恐怖を感じなくなってしまった。そしてなによりもこのFILTER、木に半分埋まって身動きが取れていないでいる。

「T-800だ[注5]」

「恐れ入りました。型番までは知りませんでした」

いつものごとくサイトウは映画豆知識を披露して満足げだ。おだてたうえで聞く。

「あの木はなんなんですか」

「あれな、REGEXMATCHだ。よくFILTERとセットで出てくる」

　サイトウは壁に説明を書く。

　=FILTER(範囲, REGEXMATCH(条件範囲)=TRUE)

「FILTERの条件にREGEXMATCHを使えば、正規表現で一致する範囲の抽出が直感的にできるわけよ」

「たしかに相性がいいですね。その割にはFILTER、身動きとれなそうですが」

「ああいう合成の仕方ははじめて見たな。不幸な事故だ。処理してやろう」

　おれたちは関数に近づき、それぞれ処理した。

「フィルター」「レゲックスマッチ」

　身動きの取れないFILTERがセルに沈み込んでいく様子は、溶鉱炉に沈むシーンを彷彿とさせた。

「いまのはラッキーだったが、まだ来るぞ。気をつけろ」

　サイトウが言ったそばからシートに異変が起きる。C1辺りのセルを中心に、稲妻がジリジリと音を立てながら激しく渦巻く。黒い球体が虚空からあらわれて広がる。強い光が発せられて思わず目を閉じる。

目を開けると、チリチリとうすれていく稲妻の中で男がしゃがみこんでいた。ゆっくりと顔をあげて立ち上がったそいつは、完全にカリフォルニアの州知事をやっていた大物俳優そのものだった。ただし映画と違って服を着ていたので、おれは自尊心を傷つけられずに済んだ。

　おれは念のために聞いた。

「あれ、関数ですよね？」

「UNIQUEがFILTERに組み合わせられるとああなる。構えろ！」

　大物俳優がおれたちの方の正面に向き直る。

「アスタ・ラ・ビスタ、ベイビー」

　え？　この関数、しゃべるの！？

「サイトウさん。あれ、しゃべってますけど……」

「ああ、しゃべる関数は初めてだったな。たまにいるんだよ」

「こっちのしゃべってる内容も理解できるってことですか」

「いや、あいつは決まりきったセリフを言ってるだけで特に意味はない」

　この世界はいったいどうなっているんだ。

「まずはUNIQUEを剥がすぞ」

盾とバットを握りしめるおれにターミネーターが足早に近づいてくる。おれはバットを振りかぶって威嚇するが、やつはためらうことなくバットの先端をむずと掴む。

想像通りのひどく強い力であっさりとバットを奪われ、投げ捨てられた。

「うぉおおおおおおおおおおおお！！！！！」

雄叫びをあげながらサイトウがターミネーターの背中にバットを叩きつける。

　ごん

鈍い音がしたが、少し頭を傾けた程度で効いている様子はない。おれを無視してサイトウに向き直り、殴りつける。サイトウは盾を構えて防ぐが、盾ごと大きくふっとばされて転がっていった。

あ然としているおれの盾をターミネーターは素手で薙ぎ払い、おれの首根っこをつかみ軽々と持ち上げる。

「頭を冷やせ、チンポ野郎」

ターミネーターはなんの脈絡なく映画のセリフをつぶやく。やめろ。緊張感がなくなる。おれは関数の手首を掴み足を振って抵抗するが、微動だにしない。

「ユニーク」

おれの持ち上げる手の力が緩み、ばたりと落とされる。サイトウが後ろか

ら近づいて、UNIQUEを処理したようだ。ターミネーターは大きく目を見開いて、おれとサイトウから距離を取る。

「ゲホッゲホッ……。ありがとうございます」

「いいか、とにかく処理しちまえばこっちの勝ちなんだ」

　関数の周囲を稲妻が渦巻き、人の皮がチリチリと燃えるように剥がれ、金属のボディが露出していく。UNIQUEは処理できたようだが、むき出しのFILTERが現れた。おれは盾を拾い身構える。
　FILTERとの戦いは意外にもあっさりと終わった。サイトウが姿勢を低くしタックル。引き剥がそうと持ち上げるFILTERに構わずそのまま処理した。FILTERはサイトウから手を離し、セルに沈んでいった。

「まぁこんな感じだな。処理すりゃいいんだよ、処理すりゃな」

　サイトウが何事もなかったかのように言った。おれは緊張がとけて床に座りこむ。

「これで終わりだといいんですが……」

　おれの楽観を尻目に辺り一面に稲妻が走り、10体ほどのFILTERが出現した。整然と一列に並んでいるが、それぞれがさまざまな形をした武器を手にしている。鉤型の棒や六角の鈍器、チェーンソーのように巨大な刃が回転している大きな盾、SFに出てきそうなレールガン、プスプスと火を噴いている火炎放射器。明らかにこれまでのどんなクエストよりもやばい状況だ。おれはゴクリと唾を飲んだ。

「に、逃げますか？」

　おれたちworkerにも限界というものがあるのだ。

「バカいってんじゃねえよ。ユーザーさん舐めてんのか」

「そう言われましても……」

「いいから下がってろ」

　サイトウはおもむろにカバンを漁って筒状のものを取り出し、組み立てる。

「っしゃこいやっ！！！！」

　サイトウはガチャリと銃を前に構えた。え？　銃？
FILTERたちがサイトウに向かっていっせいに走り始める。

　ズゥオオン

　FILTERの1体がレールガンから光の塊を打ち出す。サイトウはくるりと前転して躱し、体勢を整えてそのまま打ち返す。

　ヅゥォオウン

　サイトウの古典的な形をした銃から予想外に大きな光の渦が撃ち出され、レールガンを持ったFILTERに命中。吹き飛んでそのまま動きを止めた。続

けざまにサイトウは飛び道具を持っていた2体を正確に撃ち抜く。

「っぐぁああああああああ！！！！！」

　サイトウが銃をかかげて意味不明な雄叫びを上げる。

　ガシッ、ガシッ、ガシッ、ガシッ

　金属が擦れる足音をたてながら鈍器を持ったFILTERたちが駆け寄る。サイトウが銃を乱れ打ち、FILTERが次々と吹き飛ばされるが、くぐり抜けた1体の棍棒がサイトウに降りかかる。

　ッドン！！

　棍棒が振り下ろされるよりも早く、サイトウが至近距離でそいつを撃ち抜く。FILTERは吹き飛ぶが、サイトウの銃の先端が棍棒にかすって潰れた。

　ヴォオオオオン

　最後に1体残ったFILTERが唸るチェーンソーを高々と振り上げて襲ってくる。サイトウは銃を捨て丸腰で突撃する。

「キシャアアアアア！！！」

　振り下ろされるチェーンソーよりも、サイトウが懐に潜り込むほうが早かった。サイトウは雄叫びをあげて大きく開いたFILTERの口になにかを押し込み。そのまま全力で駆けてFILTERから離れる。

　ッドォオオオオオオオオン！！！！！

　FILTERの肩から上が消し飛んだ。爆風を受けたサイトウも吹き飛ばされて受け身を取っている。押し込んだのは手榴弾のようだった。
　激しい戦闘のあとにはピクピクと動くFILTERたちと散らばるその破片、焦げ臭いニオイと煙だけが残った。

「おい！　残骸を処理するぞ。手伝え」

　サイトウがパンパンと手を払いながら叫んだ。おれはサイトウのもとに駆け寄った。

「どれがなんの関数だかもわかんねえだろうが、おめえはとりあえずFILTERを処理しろ」

　おれは散らばったFILTERの残骸を一つ一つ処理して歩いた。サイトウはFILTERが使っていた武器を処理していたが、どうやらそれぞれ別の関数らしかった。
　ひとしきり処理を終えると照明が落ち、クエストは終了した。

「ユーザーさんは条件付きの基本統計量を出したかったんだろうよ」

　帰りの車中でサイトウはおれの疑問に答えた。

「タカハシ、おめえ統計はわかるか？」

「うーん、一応大学は経済学部で統計学は履修していたのですが、なんとか単位も取れたぐらいで今となってはうろ覚えですね。でも基本統計量ぐらいならなんとかわかります。平均だけじゃなくて、最頻値や中央値、分散を出すやつですよね」

「そのぐらいわかってりゃ十分よ。たしか昨日イノウエも説明していたが、FILTERは条件付き集計にも使えるって話をしてたろ。さっきのユーザーさんの使い方はまさにそれだ。SUMやAVERAGEはSUMIFSやAVERAGEIFSを使やあいいが、用意されてるのはその程度だ。さっきは、AVERAGE（平均）、SUM（合計）、COUNT（個数）に加えて、MAX（最大）／MIN（最小）、MODE（最頻値）、MEDIAN（中央値）、VAR（分散）、STDEV（標準偏差）があったな」

　なるほど。Excelにはオプションのデータ分析で基本統計量を出す機能があったが、Googleスプレッドシートだと条件付きでそれらを関数で出すこともできるのか。おれの生前のExcel職人時代は、とにかくクライアントの要望に答えるために日別、月別、クリエイティブ別、さまざまな軸でいかに効率的に集計をするかということが課題だった。しかし、Excelには基本統計量にとどまらずもっと高度な統計関数はたくさんある。それらを使いこなせていなかったのは思い返すと悔いが残る。おれがExcelをもっと使いこなせていれば、もっと正確な分析を提供できたかもしれない。さっきのクエストのユーザーさんは、なんのデータを分析していたのかはわからないが、おれなんかよりもよっぽど本質的に表計算を使いこなしているのだろう。考えれば考えるほど悔いが残る。そんなおれの表情を察したのか、サイトウが諭す。

「統計関数は奥が深いし、数も相当多い。基本統計ならたまに見かけるが、さらに高度な検定や分布、回帰なんかはめったに見かけねえし、前にも言っ

たが専門のworkerに任されてるよ」

「サイトウさんは統計詳しいんですか？」

「バカ言うな、なにもわかんねえよ。おれたちworkerはもうスプレッドシートを使う側じゃあねえんだ。ただ関数の挙動を理解して、あとは力でねじ伏せて処理すりゃいいんだよ」

　身も蓋もないことを言われて、おれは少し黙ってしまった。

宇宙人

「おめえ、D関数は使ってたか？」

　クエスト終わりの詰め所でビールをあおるサイトウに尋ねられた。聞き覚えはあるのだが使ったおぼえはない。

「いえ、ないです。なんでしたっけそれ」

「やっぱりな。Excel職人やってても意外と知らねえもんだ。おめえみたいな広告畑のやつは特にSUMIFSやらの扱いがうめえかわりにD関数は使ったことのねえやつが多いな」

「Googleスプレッドシートの独自関数じゃなくて、Excelにもある関数ですか？」

「おう、伝統ある関数よ」

　伝統とは？

「D関数、正確にはデータベース関数だな。DSUM、DAVERAGEなどがある。データベースっても堅苦しくSQLのことを考える必要はねえぞ。書き方の違うSUMIFSやAVERAGEIFSだと思えばいい」

　サイトウは手近なホワイトボードをひっぱってきて説明を書き始める。

名前	性別	年齢
タカハシ	男	27
サイトウ	男	41
イノウエ	女	29

前にも見た例だが、サイトウが若くなってイノウエの年齢がリアルなものに変わったようだ。なにが真実なのかはわからないが、気にしても仕方ないだろう。

「このデータがA1:C4セルにあるとする。ここから男の人数を出したい時、どうする?」

　まあ普通COUNTIFSを使うだろ。おれはホワイトボードに数式を書く。

```
=COUNTIFS(B2:B4, "男")
```

「そう書くよな。D関数だとだいぶ書き方が変わる」

```
=DCOUNTA(データベース, フィールド, 条件)
=DCOUNTA(A1:C4, A1, E1:G2)
```

「データベースは集計や条件列を含んだデータ全体だ、一番上の行に必ず見出しも含める必要がある。フィールドは集計対象の見出しセルを書く。そしてもっとも癖があるのが最後の条件だ」

```
名前(E1)      性別      年齢
----------   -----    -----
(空白)        男       (空白)
```

「E1:G2のように条件になる列と値をどこかに書き、それを参照するのが基本だ」

「なんだか記述が複雑ですね」

「この程度の集計に使うとしたらたしかにそうだな。だが複雑な条件にしても数式そのものがコンパクトにおさまるって利点はある。条件が多いと、長くてまともに読めねえようなSUMIFSとかあるだろ」

　身に覚えがある話だ。SUMIFSは条件の数が増えていくと、こんな風に書いている本人にもなにがどうなっているかわからなくなってくる。

```
=SUMIFS(E:E, B:B, "条件1", C:C, "<=条件2", C:C,
        ">条件3", D:D, "条件4")
```

　こういう数式をメンテナンスしていくのは骨が折れる。条件に関数を含んだりすることもよくあるので、わけがわからなくなってしまう。

```
=SUMIFS(E:E,
        B:B, "条件1",
        C:C, "<=条件2",
        C:C, ">条件3",
        D:D, "条件4"
        )
```

　どうにか読みやすくしようとして条件ごとに改行をすることもあるが、数式編集欄を大きく広げなくてはならず、なんだか悔しい。思い返していたところでサイトウが続ける。

「あと重要なのはOR条件の書き方だな。40歳以上男もしくは25歳以上の女の人数を出さないといけないとき、COUNTIFSだとどうする？」

「男女で年齢条件の違う集計なんてすることありますか？」

「あ？　婚活パーティの参加資格とかあんだろうが」

「あ、はい。すいません」

　なぜサイトウが婚活パーティについて連想したのかは聞く気になれなかったが、とりあえずおれは数式を書いた。

```
=COUNTIFS(B2:B4, "男", C2:C4, ">=40")
    +COUNTIFS(B2:B4, "女", C2:C4, ">=25")
```

「こうやって2つのCOUNTIFSを足し算しますね。でもそもそもOR条件とあんまり相性良くないですよね」

「そうだな。COUNTならまだいいが、AVERAGEをORで、なんて言われると詰みだな。D関数はその点ORと相性がいい」

```
         名前        性別       年齢
       ----------   -----    -----
       （空白）        男        >=40
       （空白）        女        >=25


       =DCOUNTA(A1:C4, A1, E1:G3)
```

「条件範囲の行を増やせばそのままORになる。条件が複雑になってもわかりやすいだろ？」

　たしかにそのとおりだった。複雑な条件集計には強そうだ。しかし実用上引っかかる点もある。

「使い方はわかりました。でも実際使うときってこういう表を作りたかったりするので、いちいち条件をセルの範囲で作るのは使いにくくないですか？」

```
        E      F
       性別    人数
       ----- -----


       男  =COUNTIFS($B$2:$B$4, E2)
       女  =COUNTIFS($B$2:$B$4, E3)
```

　COUNTIFSやSUMIFSでは条件を式内にべた書きすることは少ない。大抵は他のセルに書かれた条件別に集計を行うために使われる。

「そこだよ。そもそも使う発想がちげえんだ」

　サイトウが手元のジョッキを飲み干した。

「広告畑だとExcelを使う基本的な目的は客への報告だろ?　そういうとき
はおめえが書いたみてえに、　先に集計したい条件の表を作ってから
COUNTIFSやSUMIFSで数値を埋めていくことになる。D関数はそうじゃね
えんだ。そもそも集計したい条件が決まっていないところでいろいろ試し
え、そういう自分のための分析をしたいときに使うんだよ。どいつもこいつ
も客のために関数くんでると思い込まねえこったな」

「はあ……」

「明日のクエストはD関数のあるところをまわしてもらうとするか。構文見
直しとけよ。そんじゃあ、そろそろおれは寝るわ。おつかれさん」

　サイトウは自室へ帰っていった。エンジニアのスプレッドシートを取り扱
うようになってからどうにも知らない関数ばかりに出会っている。職種によ
って使い方が異なるとは思っていたが、出てくる関数までがことごとく異な
るのだと痛感させられる。

────────

「心配すんな、大人しくていいやつらだよ」

　クエストにむかう車中でD関数について尋ねたおれにサイトウは答えた。
なにせ最近の関数との戦闘ときたら、常に死と隣り合わせと言っていい。

workerになるまでは、いやworkerになってからですらもこのところのような日々は想像もしていなかった。

「D関数でしょ?　心配しなくて大丈夫ですよ」

　復帰したイノウエも気楽そうだ。この楽観がフラグとしか思えないのは考えすぎだろうか。
　サイトウとイノウエの言葉を素直に受け取っていいのかは悩ましかったが、到着したシートにいたのはたしかにおとなしい関数だった。見た目には少なからずギョッとさせられたが……。
　細く伸びた首についた横長の頭、幼児体型と言っていいのか小さくズングリした体。例のスピルバーグ映画の宇宙人そのものだ[注6]。

「ディーサム」

　イノウエがDSUMが差し出した人差し指に自分の人差し指をあわせて唱えた。DSUMは輝きながら消えていき、セルが輝きを放った。

「痛っ、うわっなんだこいつ」

　突然腰のあたりを小突かれたと思ったらムシがいた。ムシといっても、メン・イン・ブラックの給湯室にいた細くて胴長な宇宙人のやつだ。

「DCOUNTだ。悪気はねえ、ただのスキンシップだ。処理してやれよ」

　サイトウに促されて見ると、ムシは口角をあげてグータッチを待っていた。

「ディーカウント」

　おそるおそる拳をあわせて唱えると、ムシは輝きながら半透明になり消えていった。
　その後も何匹かのD関数が現れた。どれも宇宙人らしい見た目をしていたが、事前の評判通りいたって大人しく、物騒な武器を持ち出さずとも平和的に処理することができた。

「いやあ平和ですね。いつもこんなクエストだったらいいのに」

　誰にともなく呑気なことを語りかけた時、視界の端の空間が少し歪んだような気がした。

「ん？　なんだろう」

　首を傾げながら近づいてみる。

「タカハシィイイイ！！！　戻れぇえええええ！！！！！」

　後ろからサイトウの大声。驚いて振り返る。突然、胸元に強い衝撃。身体がよろけ、視界が霞む。赤い液体が自分の腹から足へと垂れていくのが見えた。これは……、おれの血？　力が抜けていく。立っていられない。おれの意識はそこで途絶えた。

―――――――

　見えない敵に斬りつけられたタカハシがどくどくと血を流しながら倒れ

た。

「イノウエ！　タカハシに応急処置して連れかえれ！　ここはオレがやる」

「はいっ！」

　血まみれで倒れているタカハシを引きずり、イノウエに預ける。カバンからサバイバルナイフを取り出して構え、タカハシを背負ったイノウエの周囲を守る。

「では、あとはおねがいします」

「まかせとけ！　そっちも頼んだぞ」

　イノウエは無事シートを出た。さて、あとはDPRODUCTを処理するだけだ。
　DPRODUCT。こいつが出てくるなんて思ってもいなかった。PRODUCTとは積、つまり掛け算の意味だ。DSUMであれば条件に該当する値をすべて足し上げるように、DPRODUCTは該当する値をすべて掛けあわせる。日常生活やよくある職場でこれを使うシーンはほとんどない。PRODUCTを冠する関数はいくつもあるが、どれも使用される頻度は低い。高をくくっていた。しかし出会ってしまった以上、処理しなくてはならない。
　壁を背にして目を凝らし、空間の歪みが出る瞬間を探す。いくら姿を消せると言ったって完璧じゃあない。

「そこかっ！」

　わずかな空間の乱れが右から左に動くのを見つけ、カラーボールを投げつける。べちゃりと床に濃い青色がこびりつく。直撃する必要はない、少しでも付着すれば十分だ。目を凝らすと僅かな青いシミが移動するのが見える。当たりだ。シミを目で追って距離を詰める。

「隠れてるつもりか？」

　DPRODUCTは無駄を悟ったのか姿を現す。鈍い色をした金属のマスクと鎧。ガスコードのようなドレッドヘア、篭手には長い鉤爪がついている。楽しませろと言わんばかりにゆっくりと歩み寄ってくるDPRODUCT。

「楽しませてやるよ」

　サバイバルナイフで正面から斬りつける。鉤爪で受け止め、そんなもんかと言いたげなDPRODUCT。サイトウはピンを抜いた手榴弾を足元に落とす。
　ゴトリという音に下を向くDPRODUCT、その隙をついて腹に蹴りをいれ、サイトウは後ろに走り、爆発のタイミングとあわせてジャンプ。

「やったか……？」

　爆煙の中からDPRODUCTが焦げたマスクを外しながら現れる。

「そんな簡単じゃねえよな」

　4本の歯をコツコツと鳴らし、腰を落とす。

「ぅ?あ゛あ゛あ゛あ゛あ゛あ゛ーーぅ」

DPRODUCTが手を広げて叫ぶ。

チュドゥン。
サイトウが爆発の隙に組み立てた銃でDPRODUCTを撃ち抜いた。

「アグリーマザーファッカー[注7]」

サイトウはぼそりとそう言って、動かなくなったDPRODUCTに近づき、醜い顔に手をかざして処理した。

「さて、どうやって帰ろうかな」

DPRODUCTが消えてサイトウが一息ついていると、長く伸びた後頭部と尻尾を持つ関数が現れた。

「キシャアアアアアアアアア！！」

関数が開いた口の中では、小さな目のない頭が口をカプカプとやっていた[注8]。

「やれやれ、このユーザーさんはいったいなにを作ってるっていうんだ」

サイトウはだるそうに銃を構えた。

———————

　目が覚めたら白いタイル張りの部屋にいた。

　ベッドに寝かされて、腕には点滴、肩から胸にかけて包帯がきつく巻かれている。

　すべておれの妄想だったのだろうか。おれは仕事帰りに事故でもあって、病院で長い夢を見ていたのか。そうだ。そうに決まっている。GoogleスプレッドシートがExcel職人の魂で動いているだなんてそんな馬鹿なことあるわけがない。

「いやー、大変でしたね」

　そういう希望的観測を、ガチャリとドアを開けて入ってきたイノウエが打ち砕いた。いや、正直言って二度目なので期待もしていなかったのだけれども。

「3日も寝てたんですよー」

「えっと、なにがあったんですか。D関数を処理してたはずだけど、そのあとなにかがあったような……」

「DPRODUCTに襲われて倒れたんです。血まみれのタカハシさんを連れかえったわたしに感謝してください」

「ありがとうございます。ところでD…PRODUCTって？　内容はわかりますけどそんな凝った関数使う人いるんですか？」

「わたしも正直はじめて見ました。いや正確には姿を消してたし、わたしは倒れたタカハシさんを連れてすぐに帰らされましたんで見えなかったんですけど」

「え？　じゃあDPRODUCTはサイトウさんがひとりで」

「はい、なんかそのあともたくさん強力な関数がうじゃうじゃ出てきて大変だったらしいですよ。昨日やっと帰ってきてました」

　2日も戦い続けてたのか。やはり同じworkerとは思えない。

「それじゃ、ゆっくり休んでくださいね。復帰したらまたクエストです」
「はい、おつかれさまです」

―――――――

「お見舞いお疲れさまです！　イノウエさん」

　イノウエが医務室をでると、無駄に元気のいい声と同じく無駄にでかいメイド服の巨乳が目に飛び込んできた。

「なに？」

「ぶー、冷たいなー。同僚のお見舞い感心だなーと思ってお声がけしただけですよ」

　なにが「ぶー」だ。いい年した仕事仲間に向ける言葉なのか？　こういう女が何を考えているのかさっぱりわからない。こういうやつと関わりたくないから、SEみたいな男社会に身をおいてきたはずだったのだが、現実は残酷だ。

「タカハシさんが心配だったら自分でお見舞い行ったらどうです？　なんな

らそのでっかいおっぱいで癒やしてあげたらどう？　workerを気持ちよく
働かせるのがあんたの仕事なんでしょ？　いいじゃん。ちょちょっとパラメ
ータ調整していつもの10%マシにして行ってきなよ」

「ちょっとちょっと〜、今のはイエローカードですよ！！　わたしはただ、
イノウエさんとタカハシさんが仲良さそうでうれしいなー、もしかしてちょ
っといい感じだったりするのかなーって」

「なにそれ。もしかしてそんなこと分析して配属やってんの？　worker、人
権なさすぎじゃない？　死んでるからなくて当然か。つか、もう死んでる
workerに恋愛とか期待すんの勘弁してくれない？　あなたには外の生活が
あって恋愛とか未来とかあるのかもしれないけど、わたしたちにはそういう
のないの。毎日寝て起きてご飯食べて関数処理するだけ。そういう生活がず
っと続いてるの。生きてる人間の価値観押し付けられると、サイアクな気分
になるの。わかる？　わからないでしょ？」

「う〜、ごめんなさい。わたしたちなりにworkerのみなさんの幸せを願って
やっているのですが……」

「いいからさっさとわたしたちなしで関数処理できるようにしてくんないか
な。本来死者の魂でWEBサービス運営なんてコンプラ以前に頭おかしいか
らね。真面目にプログラミングやってる人がかわいそうだよ」

　そこまで言い放つと、クレアは目をうるうるとさせながら申し訳無さそう
な表情をしている。こいつらマネージャーはこれだから気に食わない。恋愛
経験の薄いworkerの男連中がこういう媚びた態度でコロッといいようにさ
れているのだ。サイトウみたいなベテランになるともう達観してしまってい

るが、ああなるまでには葛藤があったのだろう。タカハシはまだマネージャーの正体には気づいていないだろうが、繊細なところがあるので気づいたときに折れてしまわないかは心配だ。

worker として仕事をするのが嫌だというわけではない。Google スプレッドシートのユーザーにはわたしと同じエンジニアも多い。彼らに迷惑はかけたくない。だからわたしは worker として働ける限り関数を処理し続ける。だがこの世界の仕組みに納得しているわけではない。とにかくマネージャーはムカつく。あいつらのために仕事をする義理はまったくない。わたしたち worker の仕事の結果、現世で高い給料を貰い、幸せに生きているのはあいつらだ。worker の前世の平均年収なんかとは比べ物にならないだろう。逆らえる立場ではないが許せん。せめて願わくばイケメンマネージャーを増員して欲しい。クエスト帰りに「おかえりなさいませ、お嬢様」とか言われたい。あー、女性 worker 増えねえかなー。いいや、酒飲んで寝よう。

「クレア、ごめん言い過ぎたわ。ウィスキーと炭酸水、あと氷、部屋まで持ってきといて」

部屋に戻ると、見慣れないイケメンマネージャーがハイボールを作ってくれていた。これだから worker はやめられない。

注1　映画『バトル・ロワイアル』2000年公開。中学生が生き残りをかけて殺し合いをするストーリー、教師役のビートたけしがそれを生徒たちに告げるシーンのセリフ。

注2　名称はセンチネル。

注3　過去にはなかったが、本書発売時点では COUNTUNIQUEIFS が公式な関数として提供されている。

注4　Excel においても2018年9月24日時点で、ベータ機能として提供されていることがアナウンスされている。

注5　映画『ターミネーター』1988年公開。未来の殺人マシーン、T-800 はシリーズ1、2作目でアーノルド・シュワルツェネッガーが演じた初期の型。なお3作目のアーノルド・シュワルツェネッガーは改良型で T-850。

注6　映画『E.T.』1982年公開。

注7　映画『プレデター』1987年公開。作品終盤で、光学迷彩がとけ、マスクを外したプレデターを見た際のアーノルド・シュワルツェネッガーのセリフ。

注8　映画『エイリアン』1979年公開。

FILTER関数の
ココがポイント！

おつかれさまです。イノウエです。FILTER、いろいろ使えて便利ですよね。今回はFILTERを使って集計をする場合の例を解説しますね。

FILTERを使った集計

今回は図5.1のようなわたしたちworkerの勤務表を例にします。

[図 5.1 worker勤務表]

	A	B	C	D
1	クエスト番号	worker	関数	処理数
2	100001	サイトウ	UNIQUE	4
3	100002	サイトウ	DAYS	2
4	100003	サイトウ	VALUE	15
5	100004	サイトウ	NOT	59
6	100004	イノウエ	IFS	22
7	100004	サイトウ	COUNTIF	3
8	100005	イノウエ	RANK	6
9	100006	タカハシ	IMPORTRANGE	23
10	100007	タカハシ	MATCH	31

さて、ここからFILTERを使って集計をしてみましょう。

図5.2 のようにFILTERと集計関数を組み合わせることで、workerごとの処理数と処理した関数の種類を集計することができるのです。

[図 5.2 workerごとの集計]

- **処理数**　=SUM(FILTER($D:$D,$B:$B=[worker]))
- **関数種類**　=COUNTUNIQUE(FILTER($C:$C, $B:$B=[worker]))

	A	B	C	D	E	F	G	H
1	クエスト番号	worker	関数	処理数		worker	処理数	関数種類
2	100001	サイトウ	UNIQUE	4		タカハシ	206	16
3	100002	サイトウ	DAYS	2		サイトウ	602	45
4	100003	サイトウ	VALUE	15		イノウエ	648	31
5	100004	サイトウ	NOT	59				
6	100004	イノウエ	IFS	22				
7	100004	サイトウ	COUNTIF	3				
8	100005	イノウエ	RANK	6				
9	100006	タカハシ	IMPORTRANGE	23				
10	100007	タカハシ	MATCH	31				

　ただし、図5.2の手法にはちょっと厄介なところがあります。図5.3のように集計の視点を変えて、関数ごとに処理された数を集計してみましょう。

[図 5.3 関数ごとの集計]

- 処理数　　　=SUM(FILTER($D:$D,$C:$C=[関数]))
- worker人数　=COUNTUNIQUE(FILTER($B:$B,$C:$C=[関数]))

	A	B	C	D	E	F	G	H
1	クエスト番号	worker	関数	処理数		関数	処理数	worker人数
2	100001	サイトウ	UNIQUE	4		ABS	10	1
3	100002	サイトウ	DAYS	2		COUNTBLANK	9	1
4	100003	サイトウ	VALUE	15		COUNTIF	22	2
5	100004	サイトウ	NOT	59		COUNTUNIQUE	47	1
6	100004	イノウエ	IFS	22		FLOOR	#N/A	1
7	100004	サイトウ	COUNTIF	3		INT	#N/A	1
8	100005	イノウエ	RANK	6		LOG	#N/A	1
9	100006	タカハシ	IMPORTRANGE	23		LOG10	13	1
10	100007	タカハシ	MATCH	31		MOD	15	1

　一見問題なく集計できているように見えますが、複数の関数を組み合わせて集計表を作るときは正しく数値が集計されているかのチェックが重要です。

　この場合ではFLOORやINTなどの処理数が#N/Aになっています。データを確認すると、FLOORやINTには処理した履歴がないことがわかりますね。

　じゃあ、なぜ同じ行のworker人数は1になっているのでしょうか。こういうところにちゃんと気づけるかは、Excel職人の勘と経験ってやつでしょうか。

　こういった不明な自体が起きた際には、計算過程を一つ一つ確認してみましょう。

COUNTUNIQUEを外してFILTERの結果だけを表示してみると、#N/A エラーを返していることがわかります。つまりCOUNTUNIQUEが、#N/Aも1つの値として数えてしまっていたのです。

FILTERを使った集計は通常の関数ではできない計算もできて便利ですが、あくまで応用なのでこういったハマりどころもあります。計算過程をよく検証しながら使ったほうが良いでしょう。

　ちなみに、この集計を意図通りに修正するためには、図5.4のようにIFERRORを使ってやると良いでしょう。COUNTUNIQUEは空白の値をカウントしないので、0と表示することができます。

[図 5.4 関数ごとの集計・修正]

- 処理数　=SUM(IFERROR(FILTER($D:$D,$C:$C=[関数]),"0"))
- worker人数

=COUNTUNIQUE(IFERROR(FILTER($B:$B,$C:$C=[関数]),""))

	A	B	C	D	E	F	G	H
1	クエスト番号	worker	関数	処理数		関数	処理数	worker人数
2	100001	サイトウ	UNIQUE	4		ABS	10	1
3	100002	サイトウ	DAYS	2		COUNTBLANK	9	1
4	100003	サイトウ	VALUE	15		COUNTIF	22	2
5	100004	サイトウ	NOT	59		COUNTUNIQUE	47	1
6	100004	イノウエ	IFS	22		FLOOR	0	0
7	100004	サイトウ	COUNTIF	3		INT	0	0
8	100005	イノウエ	RANK	6		LOG	0	0
9	100006	タカハシ	IMPORTRANGE	23		LOG10	13	1
10	100007	タカハシ	MATCH	31		MOD	15	1
11	100008	サイトウ	ISDATE	6		RAND	1	1
12	100008	サイトウ	SWITCH	4		RANDBETWEEN	9	1

　このように応用的な使い方をするときは、こういった思わぬ落とし穴があるものです。計算過程をよく確認するようにしましょう！

第6章 | Web情報を処理せよ

| File 13 | とある小説投稿サイト

「デッテレレレレーレ、デッテレレレレーレ、サムシンストレンジ〜、イン ザフンフンフーン、フードゥーユコール？[注1]　」

「「ご、ゴーストバスターズ……！」」

　ノリノリのサイトウにコール・アンド・レスポンスを求められておれとイ ノウエは困っていた。もっともこの状況で映画好きのサイトウがはしゃぐの も無理はない。おれたち3人は背中に背負った機械とそこからケーブルで繋 がる銃のようなものを持たされている。サイトウいわくビームパックだ。
　そしてシートにはいわゆるゴーストが飛び交っていた。緑色のブヨブヨの デブ。目を黄色く光らせたボロボロの服を着たユーレイ。ゴーストのくせに 足があって全速力で走り続ける半透明のランナー。さまざまな姿のゴースト がいる。こいつらは見た目はバラバラだがすべてIMPORTXMLらしい。

　DPRODUCTにやられて入院してからの復帰初日の車中のこと。

「今日のクエストではWEB関数をやるぞ。IMAGE関数はおぼえてるよな？」

「はい、URLから画像をとってきて表示するやつですよね」

「今日相手にするのは、URLを引数にしてWEB上の情報を取ってくる関数

ってこった。イノウエ、あとは説明たのんだ」

「サイトウさん、なんか最近説明わたしに投げすぎてません？」

「いいじゃねえか、この分野じゃおめえのほうが詳しいだろ」

　おだてられてまんざらでもなかったのか、イノウエは機嫌よく解説をはじめた。

「そうですね、わかりやすいやつから説明していきます」

　イノウエは例のごとくホワイトボードに構文を書いていく。

　=IMPORTRANGE(スプレッドシートキー, 範囲の文字列)

「スプレッドシートキーってことは、IMPORTRANGEは他のシートからのデータの取り込みですか？」

「そうそう。自分のシートでも赤の他人のシートでも、閲覧権限さえあればデータの取り込みが可能です。便利だし使い方もわかりやすいので、エンジニアのシート以外でもいろんなところでみかけますね。会社でGoogle Driveを使っていたりすると、誰かがデータを纏めたシートを他の社員が参照するのに使われたりしています」

「Excelでもファイルをまたいだ参照することありましたけど、あれって置いてあるフォルダやファイル名が変わると困るので不便じゃないですか？」

「Excelはそうですけど、わたしたちGoogleスプレッドシートで一度作られたファイルのURLはフォルダやファイル名、オーナーが変わっても維持されますからね。そういうことは起きにくいんです」

　なるほど、便利そうだ。おれが生きていたころも会社でG Suiteを導入できたらこれでいくらか楽ができたに違いない。イノウエが説明を続ける。

```
=IMPORTDATA(URL)
```

「IMPORTDATAはふわっとした名前ですが機能は具体的で、WEB上のCSVかTSVのデータを取り込む関数です。CSVとTSVはわかりますよね？」

「それぞれComma-Separated Values（カンマ区切りのデータ）とTab-Separated Values（タブ区切りのデータ）ですよね。よくいろんなシステムからダウンロードしてExcelに貼り付けてました」

「タカハシさんの前職だったらそうですよね。IMPORTDATAは、CSVやTSVがWEB上にあればダウンロードして貼り付けをしなくてもそのままシートに取り込める関数です」

「そんなCSVありますか？　ぼくの業界だとログインしてダウンロードしないといけなかったので、あんまり使えるイメージがないですね」

「よく見かけるのは政府統計とかですかねー。ただあんまり綺麗に整っていないCSVが多いからか、この関数をみかけることは多くはないです」

　なるほど、たしかに政府統計のCSVが使いにくいみたいなネットの話題な

ら見た覚えがある。

「さて、それ以外のIMPORTはちょっとわかりにくいかもしれません」

　イノウエは他の関数の構文を書いていく。

　=IMPORTHTML(URL，クエリ，指数)

「クエリ？　またSQLですか？」

「いえ、IMPORT関数でのクエリは取り出す情報の種類指定で選択肢も少ないです。IMPORTHTMLであれば"table"か"list"しかないので簡単ですね」

　イノウエがなにかちまちまと具体的なURLを含んだ例を書きはじめた。

　=IMPORTHTML("https://kakuyomu.jp/works/117735405488
7646455", "list", 7)[注2]

「これはとある小説投稿サイトのとある作品から話のタイトルの一覧を取り出す例ですね。<li>タグで囲まれているデータであればlistで取り出せます。7はそのページのhtmlで7番目のリスト要素ってことです。ちなみにこのように書くとこの作品の現時点60話までのタイトル一覧を取り込むことができます」

「とある小説投稿サイトのとある作品ってなんですか」

「次にIMPORTXMLですね」

え？　なんで無視されたの？

```
=IMPORTXML(URL, XPath クエリ)
```

「XMLと名前にはついていますが、実際のところHTML、普通のWEBページの特定の要素を取り出すときによく使われます」

```
=IMPORTXML("https://kakuyomu.jp/works/117735405488
7646455", "//*[@id='workPoints']/a/span")
```

「さっきの小説の例ですが、こう書くとレビューの★の数が数値として取得できます。現時点で★125、もっとたくさん★つくといいんですけどねー」

「だからなんなんですかその小説は！？」

「ちなみにXPathはブラウザの開発者ツールなんかで簡単に抽出できます。ただダブルクォーテーションが入っていると関数の文字列の囲いと干渉してしまうので、シングルクォーテーションに書き換えてやるか、もしくは別のセルに書き込んで参照すると良いですね」

　なぜ無視されるのか。なにか聞いてはいけないことを聞いたのだろうか。

「IMPORTXMLはいわゆるWEBのクロールになにかと重宝する関数で、複数のページから同じ要素を取り出してシートで比較する用途で使ったりもできますね。複数の小説の★の数をシートに並べて比べるとか。なのでほかのWEB関数に比べて集団で出現することが多いです」

　説明はわかったのだが、釈然としない。なんだっていうんだ。イノウエは
とにかくおれを無視して説明を続ける。

```
=IMPORTFEED(URL, [クエリ], [見出し], [アイテム数])
```

「最後にIMPORTFEEDですね。これはRSSやAtom、ブログやニュースサイ
トのコンテンツのフォーマットを読み込むためのものです。タカハシさんは
RSSリーダーとか使ってましたか？」

「んー、大学ぐらいの時は使ってましたね。いつからかニュースアプリや
Twitterを使うようになって、使わなくなっちゃいましたけど」

「使ったことがあれば大丈夫ですね。あのRSSのことです」

```
=IMPORTFEED("https://kakuyomu.jp/info/feed",
"items",TRUE, 5)
```

「これはとある小説投稿サイトのお知らせを取得する例なんですが」

　またかよ。

「2つめの引数のクエリはデフォルトもitemsで他にfeedも選べるのですが、
これはフィード自体の素朴な情報を得るだけなのでほとんどitemsだけが使
われますね。そのあとの引数は見出しの表示／非表示、それからフィードの
中で何本の記事を表示するかの個数指定ですね。以上です。わかりました
か？」

関数の説明はわかったが、おれは返事をする気が起きなかった。そうして着いた先にいたのがゴーストたちだった。

「インポートエックスエムエル」

　おれがビームで捕獲したユーレイをイノウエが処理した。
　最初はぐねぐねとしたビームをうまく扱えなかったが、しばらくやっていると慣れた。正直言って、日頃さすまたとか振り回しているのに比べればよっぽど楽だ。順調に処理は進んでいると思うのだが、いかんせん数が多い。

「今ので10匹目でしょうか。まだ半分も処理できていないような気がします」

「疲れたか？　最近相手にしてたQUERYやFILTERは、複数セルに結果を返すようなやつだったからな。そこまで数が出てくることは少ねえ。だがIMPORTXMLの結果は、多くのケースでは1つのセルにおさまってくる。そのぶん数が出るんだ」

「多くのケースではってことは、結果が複数のセルにまたがることもあるんですか？」

「ああ、いわゆるWEBページの本文みたいに長い要素を取得しようとした時にありがちだな。改行ごとに別のセルに出力されるんだ。まあそういう場合も、大抵はCONCATENATEで結合されることが多いけどな」

　CONCATENATE。たしか複数セルの文字列結合するやつだ。

```
A1：Google
B1：Spreadsheets
```

と入力されているときに、

```
=CONCATENATE(A1,B1)
```

という式を書けば「GoogleSpreadsheets」という結果を返すことができ
る。だがセルが決まっていれば&を使って、

```
=A1&B1
```

という書き方をしても同じ結果が得られるし、

```
=A1&" "&B1
```

このようにスペースやつなぎ文字を追加できる利点もあるので、あまり使
ったことはなかった。だがIMPORTXMLの場合は、結果が何セルにわたって
返ってくるかがわからない。たとえば次のようにA1セルに書いたとすると、

```
=IMPORTXML("https://kakuyomu.jp/works/117735405488
7646455/episodes/1177354054887646515", "//*[@id='con
tentMain-inner']/div/div/div")
```

```
A1：目が覚めたら白いタイル張りの部屋にいた。
B1：（空白）
C1：どうなってるんだ。おぼえている限りでは23時過ぎたぐらいに明日
```

215

配信のクリエイティブの入稿は終えて、先日やめた同僚の引き継ぎ案件のレポートをチェックしたらむちゃくちゃ。罫線は引いてないし多重参照ばっか。あげくページによっては集計値がべた書きしてある。「こんなブラックな仕事、わたしにはできません」とか言ってやがったがおれに言わせれば残業しないといけないのはExcelのスキルが低いからだ。

（　中略　）

AR1：やばい、訳わからなくて死にそう。天国でも異世界でもなくてGoogleスプレッドシートの中ってどういうことなんだ。

　というように多くのセルに結果が返ってくるわけだが、事前にこれがどれだけのセルになっているかは知りえない。そこで、CONCATENATEを組み合わせれば、文章を全て結合した状態でセルに表示をすることができる。

```
=CONCATENATE(IMPORTXML("https://kakuyomu.jp/works/
1177354054887646455/episodes/1177354054887646515",
"//*[@id='contentMain-inner']/div/div/div"))
```

　ところで、いったいおれはなにを考えているんだ。今考えたこの文章はなんなんだ。見覚えはないが身に覚えがある。そもそもkakuyomu.jpなんてサイトはおれは知らないはずだが、なぜ詳細なURLの乱数まで記憶しているんだ。一体おれはどうなってしまっているんだ。

「おい！　なにぼさっとしてやがる。CONCATENATEが出たぞ」

　サイトウに言われて我に返る。その指差す先を見ると、ゴースト……ではなく、肉体がある。なにより臭いがある。つまりゾンビがいた。

　サイトウがバールのようなものをおれに手渡す。

「おれとイノウエで残りのＩＭＰＯＲＴＸＭＬを処理するから、CONCATENATEは頼んだ」

「え、初見なんで不安なんですけど……」

「大丈夫だよ。あいつらとろいから。頭潰してから処理したらいいからよ」

「……グロくないですか？」

「文句言わずにやれよ。くせえのは嫌なんだよ。そういうのは若手の仕事だろ？」

「なんで急に昭和の企業みたいな文化持ち出すんですか？　ここはグローバル企業だし、平成だってもう終わっているんですよ」

「わーったわーった。わかりましたよ。タカハシさん、今回はなにとぞお願いします。どうにか！」

　そんなに嫌なのか。サイトウの突然の敬語に押し切られておれはしぶしぶ承諾した。バールのようなものを手にしたおれの前には、5体のCONCATENATEがうめき声をあげながらよろよろとこちらに近づいてきていた。

「っくぅぁあ゛ー」

「あ゛…あ゛あ゛う゛……」

CONCATENATEたちが声ともつかない声を上げながらのろのろと近づいてくる。よかった、レトロスタイルゾンビだ。現在、多くの人が思い描くゾンビ像は、ジョージ・A・ロメロの『ナイト・オブ・ザ・リビングデッド』（以下、NOTLDと呼ぶ）が原点となっている。NOTLDに登場するゾンビは走らない。超常的な力やウィルスで死体が動かされているという設定なので、生きた人間ほど筋肉を巧みに動かすことはできないし、死後の腐敗や硬直の影響を受ける。結果として走れはしないし、歩く動きも足を引きずったように遅い。これがレトロスタイルゾンビだ。

しかし最近はそうとも言えない。ダニー・ボイルの『28日後…』ではゾンビたちはとにかく走る。疾走感のある音楽とともに生き残った主人公たちとゾンビが走りまくる。トンネルの中を走るゾンビたち、その影が照らされるシーンが目に焼き付いている。もっとも28日後のゾンビは正確にはゾンビではなく、ウィルスに感染した生きた人間であるという話もあるのでこの話は難しい。ゾンビが走ってもよいか、というのはゾンビマニアの間で常に論争の種になっている。

だが、大勢は走るゾンビに傾いていると言っていいだろう。2004年に公開された『ドーン・オブ・ザ・デッド』はNOLTDのロメロ2作目にして、出世作『ゾンビ』のリメイクだ。しかしロメロの走らないゾンビへのこだわりも虚しく、冒頭からゾンビたちは全速力で走る。そして、この映画はむちゃくちゃ面白い。ゾンビ映画のテンプレにおける完成形と言っていいだろう。

ブラッド・ピット主演で話題になった『ワールド・ウォーZ』でもゾンビたちはとにかく走る。坂道を走り、折り重なって斜面を作り、壁を駆け上がる。しかし原案となった小説『WORLD WAR Z』を書いたマックス・ブルックスは、最初の著書『ゾンビサバイバルガイド』でもゾンビが走れない存在であることを主張しているし、『WORLD WAR Z』でも走るゾンビの描写

はない。原案とはいっても、世界各国で政治的な事情を加味しながらゾンビ
への対処が行われるというエッセンスが取り入れられているだけで、別の作
品と言うべきだろう。

　ゾンビは走らない、走るはずがないという主張は、エンターテイメント性
の前に既に屈している。ゾンビはもはや走る、疲れないぶん人間よりも速く。
だがこの世界ではそうでなくて本当に助かった。CONCATENATEはよろよ
ろと動くだけだ。おれはセオリー通り、一体目のCONCATENATEの眼窩にむ
かってバールを突き刺し、脳をえぐった。処理はあとまわしだ。おれはシー
ズンが進んだ『ウォーキング・デッド』の登場人物のように、黙々と農作業
のような調子でCONCATENATEの頭を潰していった。
　おれがCONCATENATEを処理し終えたころ、サイトウとイノウエも
IMPORTXMLを処理し終えていた。

「お、おう。おつかれさん。問題なかったろ？」

　サイトウが鼻を覆いながら言う。そう、CONCATENATEは臭かった。ゾン
ビの血と肉ともつかない残滓がついていて、これはシャワーを浴びても取れ
るか不安だ。Googleスプレッドシートの中の人が臭くて汚い仕事をさせられ
ているなんて、誰も思いもよらないだろう。

　次のクエストに向かう道中、ゾンビ映画話に花を咲かせようとおれはサイ
トウに話題を振った。

「サイトウさんってゾンビ映画も好きなんですか？　前にゾンビランドのセ
リフ言ってましたし」

「特別好きってわけじゃねえが有名所はたいてい見てるな。ホラーはそこまで凝っちゃいねえが『ショーン』みたいな笑えるのが好みでな。『ゾンビランド』といやあ、ダブルタップがもうすぐ公開だな」

「ダブルタップ？」

「もうすぐ公開される続編だよ、知らねえのか」

「知りませんでした。というか、サイトウさんなんでこれから公開される映画のこと知ってるんですか？　よく考えたら、ゾンビランド公開したときってもうサイトウさんworkerになってたんじゃないんですか？」

「ん……、そりゃあれだよ。クレアが映画館で予告編見たらしいんだよ。あいつも映画の趣味に関しては頑張ってるよ」

「映画館？　どういうことですか？　ぼくらが見れるのはYouTubeにある映画ぐらいですよね」

「おれらはそうだけど、クレアは外で生きてんだから映画館ぐらい行くだろ」

「え……？」

「ちょっとサイトウさん！！！　いきなりそんなこと言ったらよくないですよ！！」

　イノウエがサイトウの口をふさぐ。どういうことなんだ？　クレアは生きている？

「ああ、知らんかったか。別にそろそろいいじゃねえか。おれたちworkerは死んだExcel職人だが、マネージャー連中は違うんだよ。あいつらは外の世界で元気に生きてるよ。おれたちの管理が職務のGoogleの社員ってわけよ」

　最悪だ。やってられない。殺伐としたworkerと比べると、クレアたちマネージャーはニコニコしてていい人たちだと思っていたが、あいつらは結局おれたち死者の魂をこき使っておいて自分は外資系の高給取りとして人生を謳歌してるってのか。「workerのみなさんに気持ちよく働いてもらいたい」なんてきれいごと言ってたが、結局はおれたちが金づるってことじゃねえか。やってられない。

「……止めてください」

「あ？」

「帰ります。車、止めてください」

「なにいってんだ。ふざけんなよ」

「ふざけてません。やる気が無くなったんです。なんでGoogle社員のために命がけで関数の処理なんかしなきゃいけないんですか」

　サイトウは車を止めた。

「おめえは新卒のガキか？　おれたちの仕事の意義もわかんねえのか。つまんねえことで駄々こねんじゃねえよ」

221

「ちょっとちょっと！　サイトウさんまでヒートアップしないでください
よ。あんなこと急に言われたらタカハシさんがびっくりするのも当然です。
わたしもタカハシさんの気持ちはわかります。今日のクエストが終わってか
ら落ち着いて話しましょう」

「イノウエさんまでなんですか。もうイヤなんです。ふたりともどうかして
ますよ。いいように使われておいてユーザーのためだなんて。ブラック企業
に洗脳された社員じゃないんですから」

「……出ていけ。見込みのあるやつだと思ってたがとんだ勘違いだった」

「言われなくても出ていきますよ」

「ちょ、出ていくって、いったいどこに行くっていうんですか？　待ってく
ださいよ」

「イノウエ、だまれ。ガキはチームに必要ねえよ」

　なにも言う気になれない。おれは車を出て、車の進路と逆方向に歩き始め
た。

| File 14 | タカハシのトラウマ

　どれくらい歩いただろうか。もうworkerをやる気はないが、とりあえずシャワーを浴びに自室に戻りたかった。歩いて帰れる距離ではあるはずだが、さすがに疲れたのでネクタイを緩めて道端に座りこんだ。そもそもおれはもう死んでいるんだ。ここで野垂れ死んだってなにを失うわけでもない。そもそも死ねるのか？　それすらわからない。考えれば考えるほど、workerなんて仕事をこれまでやってきたことがつくづく馬鹿らしくなってくる。workerの生活は宿舎もきれいで飲食や趣味にも困らない。だがそれだけだ。金がもらえるわけでもないし、もらったところで使いみちも残す先もない。生きているころもブラック企業勤務だという自覚はあったが、ここはそれ以下だ。どうしてこんなことになってしまったんだ。Excelなんて使わなくて済む仕事につけばよかった。もうどうでもいい。立ち上がる気が起きない。

　座り込むおれの前をworkerたちの車が時折通り過ぎていく。なにをバカみたいに座り込んでいるのかと思われるだろう。だがバカはなにも考えずに関数を処理しているworkerたちだ。こんな世界は間違っている。

「タカハシさーん、こんなところでなにしてるんですか？」

　顔を上げるとクレアがいた。殺風景なこの場所に場違いないつものメイド服で、ふわりといい匂いを漂わせている。こっちは血と腐肉で汚れて臭い思いをしているというのに、楽な仕事をしていやがる。

「どうせ全部監視してるんでしょ？」

「あくまで適切な範囲でworkerさんたちの管理をしてるだけですー。サイト

223

ウさんたちと位置情報が離れて、クエストにも向かってないようだったから心配になってきたんですよっ！」

「あなたたちの死人を食い物にする金儲けに付き合わされるのが嫌になったんです。生きてるころも真面目にやってたっていうのに、なんだってこんなところで働かされ続けなくちゃいけないんですか。成仏でもいいし天国行きでもいい、こんなところにいるぐらいだったら地獄だっていいからもう解放してくださいよ。死んでまであなた達みたいな高給取りにこき使われるなんてひどすぎる」

「あー、わたしたちのこと聞いたんですか。そろそろお伝えしようと思っていたんですけどタイミングが悪かったですねー。まあいいか、いかにもわたしたちはGoogleの社員です。でも、タカハシさんたちを食い物にして金儲けだなんてそんなつもりはありませんよ。ただ人々の仕事と暮らしを豊かにしたいんですよ。Googleスプレッドシートだって個人アカウントには無償で提供してるでしょ？」

「だからってぼくらみたいなworkerの魂を使うのが許されるんですか。そもそも死者の魂で動く表計算ツールなんて意味がわかりませんよ。だいたい、Googleって人工知能の会社じゃなかったんですか」

「あー、それは表向きの答えですね。実際のところ、Googleは交霊術の会社なんです」

「交霊術の会社？」

「はい、そうなんです。Googleの創業にはラリーとセルゲイ以外にもうひとり、

224

ネイティブアメリカン出身のスタンフォード大学の青年が関わってたんです
よ。彼は高名なシャーマンの血を引いていて、ラリーとセルゲイと協力し死者
の魂をコンピューターと繋ぐシステムを作り上げたそうなんです。だから
Googleスプレッドシートだけじゃないんです。Google検索は図書館司書の魂で
動いてるし、Gmailは郵便配達人の魂で動いてるんですよ。びっくりでしょ？」

　開いた口が塞がらない。考えてみればそりゃそうだ。こんな技術を持って
いて、Excel職人なんてニッチな人種の魂だけを利用してるなんて考えにく
い。しかしそれじゃあいったい、どれだけの死者の魂がGoogleのために働か
されているっていうんだろうか。

「聞けば聞くほど欲深い会社ですね。検索やメールが重要なのはわかります
が、Excelなんてニッチなところまで押さえに行って、そのうち坊主の魂つか
ってGoogle Bozuなんて始めるんじゃないですか」

「Excelなんて……？」

　どんな場面でも笑顔を絶やさないクレアが突然真顔になり、おれは怯んで
しまった。

「Excelがどれだけ世界にとって重要なのか、本当にわかっていないんです
か？　平成生まれのタカハシさんにはわからないでしょうが、IBM、Mac、
WindowsのOS戦争の行方は常にLotus 1-2-3とExcelの導入、開発に左右され
てきたんです。平成生まれのタカハシさんには理解できないかもしれません
が、わたしたちの仕事もまた、巨大IT企業の命運、ひいては世界の人々の生
産性を左右しているのですよ」

「………そういう歴史をひけらかすのがクエストから逃げたworkerを励ますマニュアルなんですね。たいしてぼくと年も変わらないのに偉そうに」

　いつもと違うクレアの雰囲気に気圧されて強がったが、クレアははっとしていつもの柔らかな表情に戻った。

「ふふふ。この世界で見た目なんて意味があると思いますか？　実はわたし、こう見えてworkerの誰よりもExcel職人歴長いんですよ。」

「え？」

「あ、これはあんまり言ってないので、他のworkerさんには秘密にしてくださいね！　とにかくわたしはたしかにGoogle社員で生きてますけど、別に金儲けのためにこの仕事やってるわけじゃないし、タカハシさんたちと同じぐらい、いやだれよりも表計算ツールが大好きなんですよ！」

　一台の車がおれたちの前に止まりイノウエが飛び出してきた。

「やっと見つけた！」

「あら、イノウエさん。迎えに来るなんて親切じゃないですか?」

「あ？　クレア、あんたもきてたの？　どうせくだらない説教でもしてたんでしょ」

「ひどーい。くだらなくなんかなかったですよね？　クエストに戻ってくれますよね、タカハシさん？」

「どんな話だろうが関係ないですよ。ぼくは戻りませんから」

「もー、いつまでもうじうじしてだらしない！　クエストばっくれて、わたしとサイトウさんに仕事を押し付けるなんてひどいじゃないですか」

「どうせ新しいExcel職人召喚するんでしょ？　ね、クレアさん」

「あ、はい。タカハシさんが復帰しない場合はですね」

「ちょっとクレア、あんた黙って」

　イノウエがクレアを遮って話し始めた。

「あのねタカハシさん、たしかにここはひどい職場ですよ。クレアみたいないけ好かないやつに使われて、肉体労働で毎日傷だらけ。地獄みたいな職場、というか死んでるからほとんど地獄そのもの、Excel地獄ですよ。でもそんなところでもわたしとサイトウさん、そしてタカハシさんの3人でこれまで楽しくやってきたじゃないですか。そりゃ喧嘩もしますけど、わたしは3人でいるのは楽しいし、タカハシさんのことは気の合う仲間だと思ってますよ。地獄だってそんな仲間といれば悪くないじゃないですか。だからタカハシさん、わたしは代わりのworkerがほしいんじゃないんです。あなたと一緒に働きたいんです！」

　沈黙が流れた。クレアはイノウエを見てニヤニヤしている。

「ぼ、ぼくは……」

227

ジリリリリリーン

　間の悪い着信音が会話を遮った。

「あ、サイトウさんだ。勝手に出てきたからクエスト終わって怒ってるのかな。責任とってタカハシさんも一緒に聞いてください」

　イノウエがスピーカーにして電話を受ける。

「しくじった……」

「え？　ちょっとなにが」

「詳しくはあとだ。すまんがすぐ戻ってきてくれ」

　あのサイトウがしくじった？　そんなことありえない。なにが起こっているんだ。サイトウは無事なのか？

「タカハシさん、行きますよ！　車乗って！！」

「は、はい！！」

　イノウエが車を出そうとすると、クレアが見送って言う。

「ふふふ、これで晴れて復帰ですね。めでたしめでたし」

「ちょっとクレア、うるさい！！」

「サイトウさんがピンチだからですよ。まだ戻るって決めたわけじゃないです」

「はいはい。決心がついたらわたしのところに来てくださいね。ではお仕事頑張って〜」

─────────

「サイトウさん！！　大丈夫？　どうしたんですか！？」

　クエストの入り口では、サイトウが苦痛に耐えながら座り込んでいた。

「お、おう。イノウエ、タカハシを連れ戻してくれたんだな。ありがとよ。い、いてて……、すまねえな。しくじっちまった」

「わたしこそ、勝手なことして1人で置き去りにしてすいません！！」

「いえ、ぼくのせいです！　ぼくがバカみたいに逃げなかったらこんなことには……。いったいなにがあったんですか！？」

「いや、たいしたことは…ねえんだ。その、なんというか、ちょっとしくじっちまってな」

「サイトウさんがクエストに失敗するなんて見たことないですよ」

「わたしたちがピンチのときにいつも助けてくれるのに、いったいどんな関

数が……」

「いや、本当にたいしたことはないんだ。大丈夫だ。おれのことはいいから、おめえらユーザーさん待たしてんじゃねえよ。さっさと処理してこい」

「そんなこと言われたって、サイトウさんが勝てない相手じゃぼくら二人がかりだって勝ち目ないですよ」

「そうですよ。いったいなにがあったんですか！？」

「いや、その……っくり腰だ」

「え？　なんですか？」

「すいません、もう一度お願いします」

「ぎっくり腰だよ！　ぎっくり腰！」

「ぎ、ぎっくり腰ってあの中年の人が急に腰痛めちゃうアレですか？　それで倒れてたんですか？」

「イノウエ、てめえおちょくってんのか？　こっちは実際中年なんだよ。いいからさっさと片付けてこい。中は……、そもそも入ってねえから知らねえよ……」

「わかりました。任せてください！」

「そうだ、タカハシ。戻ってきてくれてありがとよ」

「まだ、この先どうするかの決心はついていません。でも、上司に助けを頼まれて来ないわけにはいきませんよ」

「社畜ってやつだな。やっぱりおめえ、この仕事あってるよ。そんじゃおれは車で休ませてもらうとするか、あとは頼んだ」

　サイトウは腰をさすりながら、後部座席に寝そべり、おれとイノウエはクエストの扉をひらいた。だだっ広くて関数の気配はなかった。

「いつになく広いシートですね」

「タカハシさん、気をつけてください」

「広いとなにかあるんですか？」

「でかいデータが入ってくるってことですよ。タカハシさんは使わない行や列、消しませんか？」

「そりゃもちろん、消しますよ」

　スプレッドシートでは、新規に作成したシートは1〜1000行、A〜Z列、合計すると26,000セルが用意されている。だがノートパソコンの画面に表示できるのは20〜30行、列も10列少々、つまり200〜300セル程度だ。つまり、デフォルトで用意されたセルに対して1%程度しか人間は一度に見ることができない。これがなにを意味するかというと、ほとんどの仕事でやり取りされ

るシートで使われる行列もその程度の範囲でしか無い。デフォルトで用意されるセルのほとんどは無駄なセルということだ。

　そういう無駄セルがあると予期せぬデータが混ざって関数の演算結果を狂わせたり、うっかり落書きとか文句とかを書き込んだのを忘れていてクライアントに見られてまずいことになったりするかもしれない。なによりファイルが重くなりそうな気がする。だからExcel職人は使わない行列を削除しておくクセがある。

　ちなみに以前のExcelではファイル作成時にSheet1、Sheet2、Sheet3と3つのシートが用意されていた。『使わないシートを消しておけ』という、新社会人に教えられるちょっとしたマナーが存在したくらいだ。最新のExcelではそういうことがなくなって本当に良かったと思う。

「これだけの広さです。かなりの数の関数が出てくるか、それとも……」

　A1セルにうっすらと霧のようなものが漂い始める。霧は渦を巻きながら徐々に一点に集まり濃さを増していく。ゴルフボール大の黒い玉にそれがなった時、強い光が発せられた。目が眩み、視界が真っ白になる。

　目を開けると黒いタイツを着た顔色の悪い女がいた。髪の毛は逆立っているし、目は赤く光っている。

「IMPORTRANGEですね」

「他のファイルからデータを引っ張って表示するやつでしたね」

「言い忘れてましたが、読み込む範囲が広いほどIMPORTRANGEは強いです。この広さから考えるとおそらくあいつはかなり強敵です。最悪の場合は撤退します」

「え、そんなことでいいんですか」

「勝てないものは勝てません。IMPORTRANGEは便利な関数ですが、無茶な使い方をすれば一発でブラウザをクラッシュさせるやっかいな関数でもあります。一体だけだからって、油断はできません」

　下手すりゃまた入院ってことか。そんなことを考えていると、IMPORTRANGEがこちらに気づいた。

『選べ……』

「え？　え？」

　頭の中に野太い声が直接入ってきた。イノウエは平然としている。

「あ、気にしなくていいですよ。いつものなんで。ゴーストバスターズ見ました？」

「絵から悪魔が出てきて、自由の女神が歩くやつでしたっけ？」

「そっちは2です。1みてないんですか？　あれはこれから戦う姿を選べって言ってるんですよ。恐ろしいもの、不快なものを思い描かせて」

「なるほど、不快なもの……」

「あ、ちょっと待って！　できるだけ無害なやつを」

『選択はなされた……』

　空間がねじれてIMPORTRANGEの身体はそのねじれの中に吸い込まれて消える。

「あ、ごめんなさい。恐ろしいというか不快というか、そういうわけではなかったんですけど……」

　ッドン！！

　さきほどまで女の姿のIMPORTRANGEがいた場所に、重たい何かが高速で落ちてきた。錯覚かもしれないが、床が波うつように揺れておれは尻もちをついた。

「痛てて、なんなんだ」

　体勢を立て直しながらIMPORTRANGEの姿を見る。ああ最悪だ。転生させられてスプレッドシートの中にきてまであいつの姿を見なくちゃいけないなんて。大きくたるんだ腹の肉がスーツのベルトにのっかっている。白いシャツに首元には締めきらないネクタイ。やや後退して薄くなった頭もあの気に食わない目つきもやつそのままだ。

「え？　なにあの太ったおっさん？」

「あれは……、山下部長。ぼくが生きていた頃担当していたクライアントの担当者です」

　山下部長、いや山下はマジでムカつくやつだった。広告のこの字もしらないクセに偉そうにおれの作ったコピーやターゲティングにあれこれ的はずれな注文ばっかりつけてくる。その結果で成績が良けりゃ「ほら言っただろう」、悪けりゃ自分の注文を棚に上げておれのせい。

　輪をかけて最悪なのは、おれの提出するExcelのレポートにくだらない文句ばかりつけてくることだ。罫線が見にくい、色づかいが悪い、すべてのシートでカーソルをA1セルにあわせてから保存しないのは失礼だ、xlsxは開けないやつがいるかもしれないからxlsで保存しろ。マナーだかなんだか知らないが、とにかく仕事の本筋でないことで文句を乱発。おれをおとしめて優位に立ちたいだけなのはわかっている。

　そういう最悪なやつだった。Googleスプレッドシートの中に来てまでやつの顔を見ないといけないなんてひどすぎる。

「お知り合いと戦うなんてつらいですね」

「いや、大丈夫です。むしろ積極的に殴ってやりたいぐらいです」

　本当だ。打ち合わせ中になんど拳をこらえたことか。

「いったいなにがあったんですか？　二人きりの会議室で関係を迫られたとか？」

　おれはイノウエの趣味発言を無視して駆け出した。

「やましたああ゛あ゛あ゛あ゛あ゛あ゛！！！　しねぇえええええ！！！」

おれは金属バットを山下の腹に叩き込んだ。山下の腹は鈍く不快な音をたてて凹んだ。

「ッるぁ！！！」

　山下は反撃する様子もないがおれは容赦しない。山下をバットで減多打ちにしていく。山下は苦痛の表情を浮かべるでもなく、無意味にニタニタした顔を維持している。

「クッ、気色悪いんだよ！！」

　山下の頭にバットを振り下ろす。硬い粘土を殴ったような感触、こいつの身体はどうなってるんだ。後ろに倒れ込んだ山下の頭は少し凹んでいるが血の一滴も出ていない。おれは肩で息をしながら山下を見下ろし、その顔に向かってバットを振り下ろした。
　振り下ろしたバットは山下の頭を潰す直前に音もなく止められた。みると山下のネクタイがバットに巻き付き受け止めていた。おれはバットを振り戻そうとするが、上下左右ピクリとも動かせない。

「えっ、えっ、なに？」

　山下は倒れた姿勢からすーっとビデオを巻き戻したように不可思議に立ち上がり、ニヤけた顔をおれに向けた。途端、バットがネクタイにひかれ強い力で奪われる。山下のネクタイはしなやかな動きでバットを放り投げた。

　錯覚かと思っていたが、ネクタイは明らかにもともとの長さを超えている。丸腰になってひるむおれに伸び続ける山下のネクタイが巻き付き、軽々と持ち上げる。

「タカハシさん！　逃げて！！」

　滑り込んできたイノウエが高枝切りバサミでネクタイの根本をスパンと切った。どさりと地面に落とされたおれは、巻き付いたネクタイをほどきながらいったん後ろに引く。

「山下部長？　でしたっけ。おっさん×若者は好きですが、その腹はいただけませんね！　ダイエットして出直してください。てぇえい！！」

　イノウエの正確な高枝切りバサミの一撃が山下の右腕を切り落とす。

「はははははは。磨きあげたわたしの高枝切りバサミは鉄棒だってスパリと一撃なのです。今なら予備のハサミとノコギリアタッチメントもおまけしてお値段は据え置き9,800円！　今すぐこちらのフリーダイヤルにお電話くださいっ！！　やあ！！」

　にたにたとした表情の山下の首は、あっけなくイノウエのハサミによって切り落とされた。ゴトリと転がった首はまだニタニタとした表情を維持している。

「さて！　片付きましたね。タカハシさん、処理やってみますか？」

　振り返ってそう誇らしげに言うイノウエの後ろになにか黒いものが見えた

ような気がした。

「イノウエさん！　うしろっ！」

　イノウエは山下のほうを向き直ったが遅かった。切り落とされた腕と首からは黒光りする両生類のような肉の枝がうごめき、絡み合い、丸太のように太くなったそれはおそろしい速度でイノウエに突撃した。

「ぐはっ！！」

　イノウエは大きく吹き飛ばされ、C10セルあたりまで転がっていった。慌てておれは駆け寄る。

「大丈夫ですか！」

「ちょ、ちょっと厳しいかも……」

　まずいことになった。戦いを続けるべきか、それとも撤退すべきか？　どうも山下、というかIMPORTRANGEは強さが読みにくい。イノウエをふっとばした力をみるに、ARRAYFORMULAが憑依したROMやエラーで暴走したQUERYのような強さかもしれない。首のない山下は起き上がり、よろけながら首を拾ってもとに戻していた。あのだらしない容姿をみていると勝てそうな気がしてしまう。なによりムカついて殴りたくなってしまう。落ち着け。不確実な状況だが最善を尽くすしかない。

「イノウエさん、動けますか？」

「なんかアバラとか折れてるかもしれないけど、なんとか動けます」

「山下部長、いやIMPORTRANGEはぼくがひきつけます。その隙に逃げてください」

「……ひとりで勝てる相手じゃないですよ」

「大丈夫、ぼくもすぐ逃げますから。行ってください」

「かっこいいとこあるじゃないですか」

　イノウエは苦しそうに立ち上がり、出口に向かう。おれはまっすぐ山下に向かって歩いていき、転がっていたバットを拾って向き合った。頼りになるサイトウはいない。おれが戦うしかない。まずはイノウエが逃げるまでの時間を稼がなくては。

「山下部長、お世話になっております。先程は失礼いたしました」

　山下も応えるように膝に手をおき、45度のお辞儀。生きてた頃はお辞儀なんてされたことなかったっていうのに。というかコミュニケーションとれるのか？　適当に会話して時間稼いで逃げるか？　イノウエに目をやるとだいぶ出口に近づいている。山下はお辞儀の姿勢から足を止めて動かないようだ。これなら逃げ切れるかと思った刹那、山下は顔をあげ、不気味に笑った。その顔がふわりと体から浮くと、顔が変形するほど大きな口を開けてこちらに飛んでくる。口内は黒い虚無が覗いていて人間のものではない。やばい。間一髪で身をよじってかわす。
　山下の首はろくろ首のように伸びているが、黒くぬらぬらと光っており完

239

全に怪物の様相を呈している。だがこっちだってGoogleスプレッドシートの workerだ。もう人間やめてるんだ。怪物なんて慣れっこだ。なんなら怪物と戦うためだけに存在してるんだ。舐めるなよ。

　スコーン

　再びこちらに向かってきていた山下部長の首にむかってバットを振り抜く。部長の頭がゴトゴトと転がっていく。続いて胴体に駆け寄る。伸びきった首に引っ張られてよろけたところを蹴り倒す。イノウエを見るとちょうど部屋を出るところだった。あとはおれも離脱するか、IMPORTRANGEを1人で処理するか。その選択だ。

　もとよりユーザーに対して命をかける義理があるわけではない。だがおれにも生前Excelを操っていて過剰な処理でファイルを落とした経験が幾度となくある。その苦しみは痛いほどわかる。計算量がでかすぎて過負荷になったファイルの扱いは難しい。その場の作業が数分間ストップするだけではない。うっかりその状態が保存などされようものなら、そのファイルが二度と使えなくなることもある。うまく切り戻せたとしても壮大な時間の無駄だ。ただでさえ仕事が集中するExcel職人にこの種の無駄が押し寄せ続けると、その先には絶望しかない。その感情と結末を身にしみてわかっているのがおれたちworkerだ。だからおれたちは命をかけて関数を処理する。同胞が自分たちと同じ道を辿らないように。

　だからおれは戦うことを決意した。死ぬまで戦うとまではいかない。でも身体が動く範囲ぐらいはこのユーザーのために尽くしたい。IMPORTRANGEが黒い異形の肉塊に形を変えていく中、おれは緩んだネクタイを締め直した。

注1　映画『ゴーストバスターズ』1984年公開。サイトウが口ずさんでいるのはテーマ曲。

注2　カクヨム（kakuyomu.jp）は本著原作が投稿された小説投稿サイト。https://kakuyomu.jp/

IMPORTXML関数の
ココがポイント！

> サイトウだ。イノウエがタカハシに解説してやがったが、IMPORTXMLを使いこなすには、関数の構文だけじゃなくてブラウザの操作についても知っておく必要がある。おれから補足をしておこう。

Webからの情報取得

IMPORTXMLの基本は次の通りだ。

```
=IMPORTXML(URL, XPath クエリ)
```

まずはなにはなくともXPathクエリを取得してやらなきゃいけねえな。

え、XPathってそもそもなんなんだって？

んなことは、イノウエみたいなエンジニアに聞くんだな。おれは元建設会社の総務のExcel職人なんでな。使い方だけ黙って聞いてくれや。

そんじゃあ今回は、Google Chromeのデベロッパーツールを使ってXpathを調べる方法を教えておこう。

例にするのはカクヨムってえ小説投稿サイトだ。

まずはデベロッパーツールを開くぞ。図6.1のように右上のメニューから「その他のツール」→「デベロッパーツール」を選ぶといい。

[図 6.1 デベロッパーツールの開き方]

デベロッパーツールは開けたか？

　次はお目当ての要素のXpathを調べるぞ。たとえばタイトルのXpathを調べてみるぞ。

　まずは、図6.2のようにページ上で取得したい要素を右クリックして「検証」を選ぶ。そうすっと、図6.3のようにデベロッパーツール上で対応するHTMLがハイライトされるはずだ。

　今度はそのハイライトした箇所を右クリックで選択して、「Copy 」→「Copy XPath」を選択してやる。これでXPathがコピーできたはずだ。

[図 6.2 XPathの取得1]

[図 6.3 XPathの取得2]

あとは図6.4みてえに、XPathをペーストしたセルをIMPORTXMLで引数にして
やる。タイトルが取得できているだろ？

[図 6.4 IMPORTXMLでの表示1]
=IMPORTXML(Xpath, URL)

	A	B	C
1	項目	XPath	https://kakuyomu.jp/works/1177354054887646455
2	タイトル	//*[@id="workTitle"]/a	=IMPORTXML(C$1,$B2)
3			
4			
5			
6			
7			
8			

もちろんこのページのタイトルがなにかなんて自分の目でみりゃわかること
だが、IMPORTXMLを使って取得する利点は、図6.5みたいに同じ形式のWEBペ
ージの情報を並列に取得できることだ。

[図 6.5 IMPORTXMLでの表示2]

項目	XPath	https://kakuyomu.jp/works/1177354054887646455	https://kakuyomu.jp/works/1177354054892606258
タイトル	//*[@id="workTitle"]/a	転生したらSpreadsheetだった件	クラスの美少女の彼氏がExcelでした
執筆状況	//*[@id="workInformationList"]/dl[1]/dd[1]	完結済	連載中
ジャンル	//*[@id="workInformationList"]/dl[1]/dd[4]/a	現代ファンタジー	ラブコメ
総文字数	//*[@id="workInformationList"]/dl[1]/dd[6]	111,883文字	17,802文字
★	//*[@id="workPoints"]/a/span	190	12
おすすめレビュー	//*[@id="workInformationList"]/dl[2]/dd[1]/a	68人	5人
応援コメント	//*[@id="workInformationList"]/dl[2]/dd[2]/a	38件	4件
小説フォロー数	//*[@id="workInformationList"]/dl[2]/dd[3]/a/span	312	12

　同じXPathクエリを引数にしながら、URLを入れ替えてやれば一気に情報をまとめることができる。どうだ？　すげえだろ？

　ちなみにこの例ではXPathをセルに書いて参照しているが、数式内に直接XPathを書くときはちょっと一工夫必要になることがある。

```
元のXPath //*[@id="workTitle"]/a
=IMPORTXML(URL, "//*[@id='workTitle']/a")
```

　XPathにはダブルクォーテーション（"）が含まれることがあるが、このままじゃあ文字列を囲むダブルクォーテーションと干渉しちまう。
　そういうときは、中のダブルクォーテーションをシングルクォーテーションに置換してやるといい。

　どうだ、便利だろう？

　だがな、注意しねえといけねえこともある。IMPORTXMLってのは、所詮は人様のWebサイトから勝手に情報を拾ってるだけってことをよーくおぼえとけ。サイトの利用規約に反していないか確認すべきだし、そもそも情報取得は相手のWebサイトに負荷をかける行為だということを忘れねえようにな。
　ページがなくなったり、URLが変わったり、要素のXPathが変わったりしたって文句をいえるような立場じゃあねえ。迷惑に思われたらGoogleスプレッドシ

ートからのアクセスを遮断されるかもしれねえんだ。

一時的に数値を取得したら、あとは値のみを貼り付けてしまうぐらいがちょうどいい使い方だろう。

ちなみにWebサイトによっちゃあこういった情報収集に向けてAPIって仕組みを提供してくれているところもあるぜ。

たとえば、「はてなブックマーク」(https://b.hatena.ne.jp/) ってソーシャルブックマークサービスがあるが、ここじゃあブックマーク数を取得するためのAPI(http://developer.hatena.ne.jp/ja/documents/bookmark/apis/getcount)が用意されている。

この例だとこういうふうにかいてやりゃあ、API経由でセルにブックマーク数を記入してやることができる。

```
=IMPORTDATA("https://bookmark.hatenaapis.com/
count/entry?url"&[URL])
```

APIがありゃあ、IMPORTXMLで勝手に情報を拾ってくるのよりも、落ち着いてGoogleスプレッドシート上で関数を使えるもんだ。

もちろん規約に目を通して置く必要はあるが、突然告知なく廃止されるってことは少ねえ。ありがてえこったな。

さてWebからの情報取得を解説したが、この手の関数はただExcelやGoogleスプレッドシートに詳しけりゃ使いこなせるってもんでもねえ。

IMPORTXMLだって今回の手順通りにやってもうまくいかねえこともあるだろうし、APIを使いこなすのはもっと難しいはずだ。使いこなしてえやつはWebの技術も学ぶといいだろう。

エピローグ

「先月のKPIですが、新規利用者数は昨月よりも10%増と好調です。DAUも目標を上回っており、今年度の目標達成は安泰かと思われます」

　報告しているのは部下の新米マネージャーだ。この男はどういうつもりでこんなことを言っているんだ？　ピュアなのか？　それともごまかしが得意でここまで社会を渡ってきたのか。近頃じゃあ有名大学の院卒ばかりがチームにやってくるようになったが、転職が当たり前の時代だからなのか、長期的視野ってやつがまったく足りていない。もうそろそろ引退を考えたいものだが、任せられる部下がいないのが統括マネージャーとしての悩みの種だ。

「あのさー、わたしの目が節穴だとでも思ってるの？　これまで下がり続けていたはずの平均関数処理時間が3ヶ月前から上昇の一途だし、なによりクラッシュ件数が過去最悪。人が足りないから処理時間が悪化するし、クラッシュが起きる。クラッシュの事故でworkerが入院すると、さらに人が足りなくなる。そういう負のループがまわり始めてるの。新規のユーザーさんが増えてるタイミングでこういうことになると、Googleスプレッドシートは遅い、やっぱりExcelなんてことになって契約件数も落ちるのよ」

「であれば、workerの休暇時間を減らすというのはどうでしょう？　彼らには労働基準法も適用されないわけですし」

　部下の新米はわたしの顔色をうかがいながらそう提案する。これだから引退が遠のくのだ。わたしはこの名前も覚える気もしない部下を睨みつけて言う。

「その提案、二度としないでくれる？　別に死者を敬えみたいな道徳の話じゃないわよ。ビジネスの話として、workerは我々にとって最も重要な資源なの。有限で換えがきかないの、あんたみたいなのと違ってさ、わかる？」

　クビをほのめかされたことにビビったのか、そいつはなにか取ってつけたような謝罪と言い訳をして部屋から出ていった。部下たちから嫌われていることは知っている。workerに向ける愛想の1割でも自分たちに向けてくれたらとはよく言ったものだ。部下には悪いとは思うが、わたしの愛想もまた有限のリソースなので無駄遣いはできない。

　部下の管理なんてものは今はどうでもいい。とにかくworkerが足りない。スカウトチームがまとめている候補者の一覧に目を通す。Excelのスキルに精通していることは当然必須、頭でっかちはいらない、ユーザーのために仕事に身を捧げられる真面目さも必要だ。そしてハードルが高いのが現世への絶望だ。どれだけ適性があっても、幸福に生きてるExcel職人を召喚することはできない。資料をめくっていると、いい具合に絶望していそうな候補者を見つけた。若いがおそらく大丈夫。こいつにしよう。召喚チームに手配の連絡、それからメンターも決めないといけない。そろそろあいつにやらせてもいいかもしれない。電話を取り、連絡をいれる。

「こんにちは、クレアでーす！　ちょっとお願いがありましてですね、1人新人のメンターをお願いしていいですか？　大丈夫ですよー、自分のときを思い出してケアしてあげたらいいんです！　それでは詳細は詰め所で！」

———————

目が覚めたら白いタイル張りの部屋にいた。

　どうなってるんだ。おぼえている限りでは研究室で調査結果の集計とまとめをやっていたはずだ。教授の野郎、完全にExcel職人のおれに押し付けるのに味をしめてやがる。だいたい予算ケチって安い業者使うから、こうやっておれがデータの整形をやんないといけなくなるんだ。社会に重大な影響をもたらす研究だと言うのであれば、ちゃんと予算を確保してデータのまとめまでできる調査会社を雇いやがれ。

　ポストちらつかせてれば、いつまでもついてくると思うなよ。こっちだってもうポスドク3年目なんだ。このままうかうかしてたらあいつにいいように使われるだけで、30になってもポストは得られないだろう。なんなら最近じゃ、修士のガキまでおれにExcelワークを頼む始末だ。そりゃたしかにExcelは好きだが、おれにだって人生があるんだ。この論文を出すときには、おれの功績をちゃんと主張しなくちゃいけないんだ。研究室付きのExcel職人から、一国一城の主になるんだおれは。

　そんなことを考えながらデータをまとめていたはずなんだが、過労で倒れて大学病院にでも運ばれたのか。いったいどこなんだここは。

　頭を抱えていたら変なやつが部屋に入ってきた。おれと年格好はさほど変わらないどこにでもいそうな男なのだが、緑色に格子柄というわけのわからないスーツを生真面目に着ている。そいつが同じスーツを差し出して言う。

「着替えろ、お前が死ぬまで着るスーツだ」

「……は？」

「あ、すいません。ちょっと言ってみたかったセリフでして。わたくし、workerのタカハシと申します。いろいろと説明しないといけないことがあるのですが、とりあえずこちらのスーツを着ていただけないでしょうか？」

これからExcel/Googleスプレッドシートを学ぶ人へのガイダンス

こんにちは！　マネージャーのクレアでーす。

今日はわたしからExcel職人になるための参考書籍や勉強方法を紹介します。ExcelやGoogleスプレッドシートのような表計算ソフトが使いこなせれば仕事が早く片付いて定時にも帰れるし、どんな職場でも周りから頼られること間違いなしです！

MOSでExcelの基本を学ぶ

Excelの基本を解説した本は、書店のパソコン本コーナーを見ればたくさんありますし、インターネット上でもブログやYouTubeの動画まで解説コンテンツが多々あります。でも、たくさん情報があると意外と迷って困っちゃいますよね？

そこでわたしのオススメは、マイクロソフトオフィススペシャリスト、通称MOSを受けることです。MOSはマイクロソフトが認定するオフィスソフトの資格で、Excelのほか、WordやPowerPointなどの科目もあります。もちろんExcelは資格がないと使えないソフトではありません。でも資格をとろうとするとソフトの使い方を一通り網羅的に知ることができるので、いまからExcelをはじめたい！　という人は書店で参考書や対策本を買ってぜひ勉強してみてください。試験自体は受けずに、本を読んで勉強するだけでも悪くないでしょう。

MOSでExcelの機能をひとしきり知っていると、Googleスプレッドシートでなにができるかについてもだいたい把握することができるでしょう。

ちなみにMOSにはスペシャリストとエキスパートの2つのランクがありますが、Excel職人を目指すなら、ぜひエキスパートまでの取得を目指してくださいね！

・MOS公式サイトーマイクロソフト オフィス スペシャリスト

https://mos.odyssey-com.co.jp/

インターネットで調べながら実践

　MOSで網羅的に学習ができたら、あとは実践あるのみです。職場で使われているExcelファイルに書かれている関数を見てみたり、業務効率化のために新しいファイルを自分で作ってみながら、関数について学びましょう。使ったことのない関数に出会ったら、インターネット上で検索すれば解説記事はたくさん出てきます。

　インターネット上のブログや動画は、いろいろな方が工夫をこらしてわかりやすくExcelやGoogleスプレッドシートについて解説しています。新しい関数について知ろうと思った時、そういったものを参考にするのはとても有益です。しかし誤った情報が記載されていることもありえますし、個人の意見や解釈が含まれるものもあります。

　そこで重要なのは公式のヘルプを参照することです。

・Excelヘルプセンター

https://support.office.com/ja-jp/excel

・Googleスプレッドシート ヘルプ

https://support.google.com/docs/topic/9054603

　公式のヘルプは必ずしもわかりやすいものではありませんが、網羅的で正確な情報が書かれています。個人のブログや動画である程度の理解を得たら、公式の情報を参照して正しい情報を確認すると良いでしょう。

VBAやGASに興味がでてきたら

ExcelやGoogleスプレッドシートを日々使っていくと、通常の関数などではできない操作をVBA（Visual Basic for Applications）やGAS（GoogleAppScript）で解決する方法に出会うこともあるでしょう。VBAはExcelで使えるプログラミング言語で、GASは同様にGoogleスプレッドシートで使えるプログラミング言語です。ExcelやGoogleスプレッドシートに馴染んだあなたなら、自然に学ぶことができるでしょう。

・パーフェクトExcel VBA

　高橋宣成 著、技術評論社、2019/11発行、定価 3,280円＋税

・詳解！ Google Apps Script完全入門 〜Google Apps & G Suiteの最新プログラミングガイド〜

　高橋宣成 著、秀和システム、2017/12発行、定価 2,600円＋税

勉強しながら表計算を実践していけば、あなたも立派なworker…じゃなくてExcel職人になれるに違いありません！楽しみですね！

あとがき

「本に何故「あとがき」があるのか」ということについて、いささかでも関心を持って
しまったら、もうその人間には「あとがき」なんか書けないのだが、全く関心をもたな
くても書けないのであるから、その場合は関心を持ちつつも、「関心を持っていないふり
をすればいい」といういうことである。当然ながら実際の作業としては、前述したように
「本には『あとがき』がある」という古くからの慣習をそのまま踏襲するわけではある
が、この時「関心を持っていないふりをする」ということが、逆方向の緊張感となって
作用し、それが「ふしだら」に流れることを防ぐのである。(別役実,『日々の暮し方』正
しい「あとがき」の書き方,白水社)

　2020年3月、本書『転生したらスプレッドシートだった件』の発売のおよそ3ヶ月ほど
前、劇作家の別役実氏が亡くなりました。お会いしたこともありませんし、氏の戯曲が
演じられているところもみたことはありません。しかしながら、大学の時分に氏のエッ
セイに触れ、傾倒してきたため、そのニュースをみてひどく意気消沈しました。この世
界はこれ以降、別役実が存在しない世界になってしまったのだなと悲嘆にくれました。
　氏のエッセイは一言で言うなら「荒唐無稽」。ありもしないでたらめを、あたかも厳然
たる事実であるように堂々と書き綴り、フィクションであるなどの無粋なことわりは一
切いれない。実在の国家、団体、人物の名称を出すことについても一切の気後れがない。

　正式には「トコジラミ」と言い、ナンキン虫というのは俗名である。南京にいるであ
ろうという推測から生まれた名だが、さほど科学的根拠があるわけではない。だから中
国ではこれをワシントン虫と言っている。いや、正確には「言っていた」と過去形で言
わなければいけないかもしれない。ニクソンと毛沢東が会見したときにじつはこの話が
出て、
　「いや、私のはうではワシントン虫と呼んでいるんですよ」
　と毛沢東が言い、そのときはニクソンも大政治家らしく寛大に笑ってすませたのだが
宿へ帰ってから青くなった。もしこのことが西側情報筋へもれて、ニクソンの弱腰外交

を突かれると より危うくなるかもしれない。(別役実,『虫づくし』ナンキン虫についての考察, 白水社)

　別役氏が亡くなった日に、ぼんやりと氏の著作と自身の人生に思いを馳せた時、もし別役実のエッセイに出会っていなかったら、本書を書くことができなかっただろうな、別の言い方をするなら、本書のようなものを書いてしまうようなことはなかっただろうな、と思うに至りました。それはつまりなんのことを指しているかというと、本書において特定巨大企業とその製品について誤解を生じさせる描写があることについてです。
　もちろんそのことの責任について、亡くなった別役氏に責任を押し付けようというようなことではありません、本件についての姿勢といたしましては、別役実氏が示した以下の姿勢を強い意志で引き継いでいくつもりです。

　ともかく、このようにして連載された原稿であっても、一冊にまとめてあらためて夜に送り出した以上、私の責任の範囲からはずれたものと見なすべきであろう。著作というものはすべて、その著者の「息子のようなもの」とされている。そしてその「息子のようなもの」は、息子というものが常にそうであるように、独立するのである。従って、以後この著書に対する「苦情」「いちゃもん」「非難」「中傷」「嘲笑」の類いは、著者でなく、むしろ著書自体が引き受けるべきものであると、私は考える。(別役実,『日々の暮し方』あとがき, 白水社)

　つまり、このような小説を書いてしまった著者ミネムラコーヒーはもちろん、「いいんじゃないっすか、別に気にしなくて」と不用意に著者を励まし続けた技術評論社の編集渡邉氏にも、本書が出版に漕ぎ着けてしまった以上一切の責任はないということです。
　読者の皆様、ならびに本書に登場する特定巨大企業からの苦情などは受け付けておりませんが、読者のみなさまからさまざまな形で応援いただいたことおよび、特定巨大企業から、確認をとったわけではないものの、少なくとも黙認という形での無言の応援をいただいてきたことに対して、こちらから一方的に心よりの感謝をお伝えいたします。

2020年5月　ミネムラコーヒー

本書は、カクヨムに掲載された「転生したらSpreadSheetだった件」を加筆修正したものです。

[お問い合わせについて]
本書に関するご質問については、本書に記載されている内容に関するもののみとさせていただきます。本書の内容と関係のないご質問につきましては、一切お答えできませんので、あらかじめご了承ください。また、電話でのご質問は受け付けておりませんので、必ずFAXか書面にて下記までお送りください。なお、ご質問の際には、必ず以下の項目を明記していただきますようお願いいたします。

1 お名前　　　　　　　　　　　　　　　　2 返信先の住所またはFAX番号
3 書名（転生したらスプレッドシートだった件）　4 本書の該当ページ
5 ご使用のソフトウェアのバージョン　　　　6 ご質問内容

なお、お送りいただいたご質問には、できる限り迅速にお答えできるよう努力いたしておりますが、場合によってはお答えするまでに時間がかかることがあります。また、回答の期日をご指定なさっても、ご希望にお応えできるとは限りません。あらかじめご了承くださいますよう、お願いいたします。ご質問の際に記載いただきました個人情報は、回答後速やかに破棄させていただきます。

お問い合わせ先
〒162-0846
東京都新宿区市谷左内町 21-13
株式会社技術評論社　書籍編集部「転生したらスプレッドシートだった件」質問係
FAX 番号　03-3513-6167　　URL：https://book.gihyo.jp/116/

転生したらスプレッドシートだった件

2020年7月4日　初版　第1刷発行

著者	ミネムラコーヒー
発行者	片岡　巌
発行所	株式会社 技術評論社 東京都新宿区市谷左内町 21-13 電話　03-3513-6150　販売促進部 　　　03-3513-6160　書籍編集部
編集	渡邉健多
装丁・本文デザイン	百足屋ユウコ＋小久江厚（ムシカゴグラフィクス）
カバー・本文イラスト	冬空　実
編集協力	八田モンキー、小澤みゆき、なろう系VTuber リイエル 藤本広大、村瀬光、佐久未佳（以上、技術評論社）
DTP	技術評論社制作業務課
製本／印刷	港北出版印刷株式会社